"十四五"普通高等教育本科部委级规划教材

艺术染整工艺设计与应用
（第2版）

梁惠娥　顾　鸣　刘素琼｜主编

贾蕾蕾　王银明　吴　萍　陈　珊　程　煜｜编著

中国纺织出版社有限公司

内 容 提 要

本书是"十四五"普通高等教育本科部委级规划教材，立足于纺织轻化、服装设计与工程及艺术设计教育对专业知识复合化的需求。本书溯源传统手工印染，立新论、问新知，从艺术染整概论、艺术染整工艺设计原则与灵感来源、艺术染整工艺本体、艺术染整工艺设计方法和艺术染整工艺应用等综合视角，进行了全面、系统的阐述。本书内容充实，图片精美，并附有作品解析与点评，旨在帮助学生熟悉与掌握相关理论知识和工艺技能。

本书既适用于各类高校纺织轻化、服装设计、艺术设计的专业教学，也适用于设计师、工程技术人员及工艺美术爱好者学习和借鉴。

图书在版编目（CIP）数据

艺术染整工艺设计与应用 ／ 梁惠娥，顾鸣，刘素琼主编；贾蕾蕾等编著．-- 2 版．-- 北京 ：中国纺织出版社有限公司，2024.8．--（"十四五"普通高等教育本科部委级规划教材）．-- ISBN 978-7-5229-1829-7

Ⅰ．TS19

中国国家版本馆 CIP 数据核字第 2024BY2315 号

责任编辑：亢莹莹　　责任校对：寇晨晨　　责任印制：王艳丽

中国纺织出版社有限公司出版发行
地址：北京市朝阳区百子湾东里 A407 号楼　邮政编码：100124
销售电话：010—67004422　传真：010—87155801
http://www.c-textilep.com
中国纺织出版社天猫旗舰店
官方微博 http://weibo.com/2119887771
北京通天印刷有限责任公司印刷　各地新华书店经销
2009 年 8 月第 1 版　2024 年 8 月第 2 版第 1 次印刷
开本：787×1092　1/16　印张：12.25
字数：215 千字　定价：59.80 元

第 2 版前言

纺织行业一直是我国国民经济与社会发展的支柱产业，并有着悠久的发展历史。随着人们生活水平提高和个性化消费升级，提高服饰、家纺等纺织品功能化、时尚化和差异化水平，是我国纺织行业未来发展新趋势，高校要承担起培养具有创新意识人才，丰富纺织行业人才储备的责任。

《艺术染整工艺设计与应用》第1版以来，历经十余年，许多内容有待进一步更新和完善。对标国家教材委员会于2020年印发的《全国大中小学教材建设规划（2019—2022年）》建设规划总要求，有必要重新修订这本教材。

新修订的教材依据教育部提出"新文科"概念，强调学科交叉与教育的新结构和新体系建设，导入课程思政，革新教材内容，产业应用打造多元实践产品，以期为纺织行业未来发展、应对全新格局做好准备。

教材编写团队顺应时代与产业发展，牢牢把握用习近平新时代中国特色社会主义思想铸魂育人这一主线，按照习近平总书记"各门课都要守好一段渠、种好责任田"的重要指示，推动教材内容革新。第2版教材内容创新着重四个方面：一是将课程思政内容有机融入教材，加强了我国传统染整工艺与艺术染整作品的学习和分析内容，帮助学生坚定文化自信，增强民族自豪感，强化文化保护与传承的意识，培养学生"备物致用""节用利民"的造物思想，树立正确的价值观；二是更新现代艺术染整工艺手法和设计方法，从艺术染整创新方向，探索服饰时尚与生态文明建设理念、原则、目标深度融合的理论和实践方法，培养具有可持续发展眼光和社会责任感的服饰创新型人才；三是引入产业化应用"艺术染整新工艺"集成创新方法论，使学生能够了解到纺织染整"艺工结合"的前沿成果，立足行业发展，注重产教融合、科教融汇；最后，我们对原教材中大量艺术染整案例进行全面、系统的更新，通过对国内外当代优秀设计师实践作品赏析与介绍，拓宽学生的艺术视野，提高学生的审美能力，增强学生的自主创新意识。

社会和科技发展日新月异，服装面料在功能和审美方面都呈现出个性化、多样化的发展趋势，在服装设计中面料艺术再造不仅是设计构想的载体，其本身也是创新设计的主体。因此，服装设计专业教材需要与时俱进，不断创新。强化面料视觉创新功能，培养具有世界眼光、中国原创的设计人才，既是现代服装设计教育的必然趋势，也是高校教师教书育人的目标。艺术染整工艺课程的系统学习，从材料成形、艺术加工到创意应用，可以培养学生的动手实践能力、想象能力和艺术设计能力，将价值塑造、知识传授和能力培养融为一体，形成协同效应，更好地服务于广大纺织服装专业学子。

梁惠娥

教授、博士生导师

2024 年 2 月于无锡

第1版前言

如今，经济全球化带来的纺织服装产业巨变及其产品创意时尚化、消费个性化、视觉差异化的市场需求，已经成为该产业可持续发展的主流趋势。因此，无论是纺织轻化专业的学生，还是服装设计与工程专业的学生，都有必要在自己的学习过程中将"差异化、个性化、人本化"等现代理念贯穿始终。以"传道、授业、解惑"为主体的高校，更应与时俱进，并在创新、构建、完善自身教学体系的同时紧随时代变化。

直面市场，最大化地满足并体现出这种趋势和变化，是我们编写这本教材的初衷。五年前，我和顾鸣高级工程师在一次鉴定会上一见如故，他提出的"艺术染整"概念非常时尚和先进，且具有一定的学科交叉性和集成创新、跨界设计的特点。我的第二个研究生刘素琼的课题就是在他的协助指导下完成的，就此我们结下了不解之缘。之后，在相互学习与合作研究中，我们发现艺术染整不仅是一个从染整学基础上衍生出来的概念，更是纺织服装产业链中极其重要的一部分。它对纺织服装产品的创新有着不容忽视的作用，无论在工艺体例还是产业应用方面，都已经初步具备成为一门综合性、交叉性的染整细分学科或学科分支的可能性。首先，它在染整学原理的基础上补充了设计艺术的创作内容，且从艺术视觉创新的角度出发，兼容并蓄各种常规工艺手法，研究一切可以改变织物外观效果的工艺技法，开展艺术化、个性化的创意实践，进行差别化纺织品的外观设计，促成了面料再造体系和服装设计语言的创新。其次，对传统手工印染来说，它另辟蹊径，在传承与扬弃东方民艺精神和物理性防染原理的同时，丰富并拓展了工艺、技术、流程与形成的内涵和外延，具有中国原创性质和比较完整的理论体系，集成度高、适用性强，因而在当前纺织服装业向精加工、深加工、高档次、多样化、个性化、差异化、装饰化、功能化方向发展的今天，似应有着更为广阔的前景。因此，针对当前纺织服装院校在染整和服装手工印染等课程的教学中，颇多偏重工艺知识传授，相对忽略工艺应用的情况，以及应用研究领域长期存在的理论与现实脱节的状况，我们萌发了编著这本《艺术染整工艺设计与应用》教材的想法。

本教材从构思到出版得到了中国纺织出版社资深编辑李东宁主任的大力支持。在她的关心与指导下，我们组成了一个来自高校纺织服装一线教师、企业生产一线工程技术人员和纺织工程行业协会专家等的编写委员会，由梁惠娥教授、顾鸣高级工程师、刘素琼老师担任主编。梁惠娥教授负责第一章、第四章和第五章的编写，顾鸣高级工程师负责第二章、第三章和第六章的编写。其中参编者还包括刘素琼、谭莹、林荣、胡欣蕊、吴敬、钱卫东、张琪、胡洛燕、彭景荣、王春霞、田顺，全书由顾鸣高级工程师和刘素琼老师负责文字统整。

在成书过程中，编著者尽已所能，力图初步构建一个较为完整的艺术染整理论框架，传递较为前沿的行业发展现状与趋势信息，解析正确灵活的工艺方法，拓展学生的理论思维与实践动手能力。鉴于学识水平的限制，难免有疏漏之处，恳请各位读者、教师和学生在使用过程中予以指正。

通过本书的应用，我们期望不仅能够满足各个学校对染整学、手工印染以及服装设计与工程、纺织艺术设计等课程的教学需要，而且能够在教学和设计实践中让学生、读者更多地了解我国的企业现状与行业发展趋势，进一步提升学生以及企业设计人员的专业素质与综合能力。

在编写本书的过程中，我们引用了诸多学者的观点和作品，在此致以诚挚的谢意并恕不能一一列举！同时还要衷心感谢全体参编者三年来的辛勤努力，终于完成了这本书的编写。

梁惠娥

2009年5月15日于神户

教学内容及课时安排

章		节		课时分配/时
第一章	艺术染整工艺概论	一	织物染整艺术的起源与发展	理论/6 实践/0
		二	艺术染整的概念及内涵	
第二章	艺术染整工艺设计原则与灵感来源	一	艺术染整工艺设计原则	理论/4 实践/0
		二	艺术染整工艺设计灵感来源	
第三章	艺术染整工艺本体	一	艺术染整工具、设备与材料	理论/10 实践/26
		二	艺术染整防染基本原理与方法	
		三	艺术染整工艺集成与染色技术	
		四	三维肌理记忆成型技术	
		五	综合工艺的创新与发展	
第四章	艺术染整工艺在现代产品设计中的创新应用	一	艺术染整工艺在服装服饰设计中的应用	理论/4 实践/12
		二	艺术染整工艺在家纺设计中的应用	
		三	艺术染整工艺在文创产品设计中的应用	
		四	艺术染整工艺在纤维艺术作品设计中的应用	
第五章	艺术染整工艺前景展望及作品赏析	一	艺术染整前景展望	理论/2 实践/0
		二	艺术染整作品赏析	
合计				理论/26 实践/38

注　各院校可根据自身的教学计划对课程时数进行调整。

目录

第一章 艺术染整工艺概论 ·· **002**

    第一节 织物染整艺术的起源与发展 / 002

    第二节 艺术染整的概念及内涵 / 008

第二章 艺术染整工艺设计原则与灵感来源 ························ **044**

    第一节 艺术染整工艺设计原则 / 044

    第二节 艺术染整工艺设计灵感来源 / 050

第三章 艺术染整工艺本体 ·· **056**

    第一节 艺术染整工具、设备与材料 / 056

    第二节 艺术染整防染基本原理与方法 / 070

    第三节 艺术染整工艺集成与染色技术 / 091

    第四节 三维肌理记忆成型技术 / 123

    第五节 综合工艺的创新与发展 / 129

第四章 艺术染整工艺在现代产品设计中的创新应用 ············ **134**

    第一节 艺术染整工艺在服装服饰设计中的应用 / 134

    第二节 艺术染整工艺在家纺设计中的应用 / 140

    第三节 艺术染整工艺在文创产品设计中的应用 / 144

    第四节 艺术染整工艺在纤维艺术作品设计中的应用 / 146

第五章　艺术染整工艺前景展望及作品赏析················ **150**

　　第一节　艺术染整前景展望 / 150
　　第二节　艺术染整作品赏析 / 151

参考文献·· **184**

第2版后记·· **185**

第1版后记·· **186**

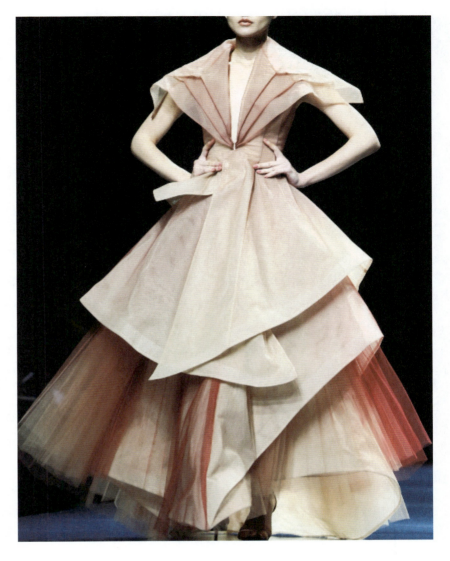

艺术染整工艺概论

课程名称：艺术染整工艺概论

课程内容：织物染整艺术的起源与发展

艺术染整的概念及内涵

理论课时：6课时

实践课时：0课时

教学目的：让学生理解艺术染整概念的内涵与外延

教学方式：多媒体课件讲解，加深学生对织物染整艺术的起源发展、艺术染整概念、艺术染整技术特色与艺术特色的理解

教学要求：1.了解史上织物染整的基本手法

2.理解艺术染整概念的内涵与外延

3.了解扎染演变过程及其文化内涵

4.了解艺术染整与纺织染整的关系及异同点

第一章　艺术染整工艺概论

织物染整学是纺织服装领域一门重要的学科。中国百科网对"染整"的定义为：染整是对纺织材料（纤维、纱线和织物）进行以化学处理为主的工艺过程，包括预处理、染色、印花和整理四大程序。从广义而言，染整泛指纺织后的全部加工过程；从狭义而言，染整是对织物进行染色或印花处理，并通过物理化学的方法，采用一定机械设备改善织物风格、提高织物身价的加工过程。

抛开染整技术，从它所要实现的目的来看，织物染整学主要有两个重要的性能：一是通过染色和印花赋予织物强烈的艺术感染力和装饰艺术性，二是通过后整理赋予织物新的功能性和更细微的美感。因此，从某种意义来说，染整包含"常规技术染整"和"艺术染整"。常规技术染整包含已有的染整技术，如传统手工印染、现代机械工业染整等，一切从工艺技术研发、工艺进步的本质出发，研究染整行业新助剂、新设备、新工艺、新流程管理等内容，都是织物染整学科研究的核心内容；艺术染整更着重从艺术视觉创新的角度出发，研究一切可以改变织物外观效果的工艺技法，兼容各种常规工艺手法，通过非遗时尚的跨界集成与创新实践，获得纺织面料差别化的全新视觉效果。艺术染整将视觉设计与工艺技术融于一体，在染整科技向多样化、功能化、生态化，织物风格向个性化、时尚化、艺术化发展的今天，有着广阔的市场前景。

艺术染整是现代纺织染整细分发展的一个新概念，但与传统染整有着千丝万缕的联系，是近五千年世界纺织文明发展的产物。因此，对于艺术染整理论的学习与实践，首先应该从染整艺术的起源和发展入手。

第一节　织物染整艺术的起源与发展

早在旧石器时代晚期，充满智慧的人类就发现了将矿石研磨成粉末以获得矿物颜料，可用于装饰器具、服装、织物的技术。天然染料的发明，叩开了人类通向染整艺术世界的大门。千百年来，纤维织物的艺术染整技法，随着人类文明的进步与发展，终于迎来了今天纺织时尚万紫千红的春天。

染整艺术的演变，从技术发展过程来看，可以分为原始手工时期、手工机械时期和大工业化时期三个阶段；从艺术效果来看，可以概括为从单色到多色、从平面到立体、从有形到无形的视觉审美发展历程。然而，因为染整工艺技法的多样性、丰富性和延续性，我们很难从单一维度对其做出清晰的划分。以下简要介绍不同历史时期出现过的主要染整工艺。

一、染色技术

伴随远古人类审美意识的觉醒，纺织物的染色技术经历了悠久漫长的历史。《诗经》中用蓝草、茜草染色的记载，说明我国在东周时期使用植物染料已经较为普遍。此外，印度河和尼罗河流域的古代居民，也很早就掌握了具有相当水平的染色技术。

在19世纪中叶以前，织物染色所用的染料都是天然染料，并以植物染料为主，主要是植物的花、叶、根或果实的浸出物。其后，英国人W. H. 珀金（Perkin William Henry Jr，1838—1907）发明了价格低廉、使用方便、质量稳定且色泽鲜艳的化学合成染料，逐渐取代了天然染料。第二次世界大战以后，各种合成纤维发展迅速，促进了化学染料生产和工业染色技术的成熟与发展。

二、手绘与刺绣

手绘的最早记载，与我国皇族标记"十二章纹"的起源有关。《尚书·益稷》："帝曰：予欲观古人之象，日月星辰，山龙华虫，作会宗彝，藻火粉米，黼黻絺绣，以五采彰施于五色作服，汝明。"对这段记载，虽然历代学者句读不一，理解也有差异，但一般认为十二章纹中，前六章纹是用手绘（作绘）、后六章是用刺绣（绣）的方法，将纹样以五采彰施于服装之上。在早期织物提花、印花工艺还未成熟的背景下，要达到服装纹样生动、五采皆备的效果，只有手绘与刺绣两种方法。图1-1所示为北魏时期的刺绣作品，造型生动、色彩丰富；图1-2所示为西汉时期长沙马王堆T形帛画，纹样写实、形态丰富多样。

手绘技术的不断发展，使手绘丝绸在唐代、清代发展成为档次最高的织物，也是当时东西方文化交流中向西方传输的主要产品。刺绣技术因其工艺可操作性强，很快发展成为一种民间与宫廷的大众艺术。技法上延伸出挑绣、贴布绣、镂空花边等多种工艺手段，成为跨越东西方文明的重要工艺语言。特别是我国刺绣工艺到清代时，已经形成了丰富多彩、技法迥异的鲜明地方特色，主要有蜀绣、苏绣、湘绣、粤绣、京绣、鲁绣、瓯绣、汴绣等体系。各地民间刺绣各有特色，如山西民间刺绣、合肥挑花等。各民族的刺绣，除汉族刺绣外，还有海南岛黎族刺绣、苗族刺绣、维吾尔刺绣等。

在染色、印花技术先进的信息化时代，手绘、刺绣工艺应用虽已不复当年，但作为现代织物装饰的一种独特工艺，广为人们喜爱并沿用至今，逐步发展了数码喷绘和电脑绣花技术，成

图1-1　北魏时期的刺绣作品

图1-2　西汉时期长沙马王堆
T形帛画

为艺术染整工艺的重要补充，广泛应用于时尚纺织服装产品的设计和生产。

三、型版印花、镂空版印花（夹缬）、木模版印花

手绘工艺产品只能单件生产，效率很低，而且难以复制。中国在战国时期，出现了型版印花，即用防水纸板或金属薄板镂刻空心花纹制成的镂空印花版，使印花色浆通过镂空部位在织物上形成花形，又称镂空版印花。木模版印花是用凸纹木模版在织物上印花的工艺方法。印花时，先用给色工具在木模版的凸纹上蘸涂色浆，然后按部位压印在织物上，逐次进行，花形图案能上下左右接版。春秋战国凸版印花用于织物得到发展，西汉时期达到较高水平（参见《中国染织史》）。型版印花和木模版印花技术，使织物印染工艺迈上了一个新的台阶。

四、扎染、蜡染、蓝印花布

扎染、蜡染，古称为扎缬、蜡缬。在我国可以考究的史实资料中，大约可以推算出：我国扎缬、蜡缬的起源年代在秦汉时期，至东晋时期技术较为成熟，唐代后形成了一个比较完整的技术体系，此后又相继发展印金、描金、贴金等工艺。

蓝印花布技术源于夹缬漏浆防染印花，初时因夹缬工艺较为复杂，所刻花版费工费时且容易变形。南宋时有人将此法加以改进，由此发明了蓝花布印染，称为蓝印花布，又名"药斑布"，俗名"浇花布"。

扎染、蜡染、蓝印花布赋予织物独特的艺术风格，且实用美观，深受各国人民的喜爱。因此，无论是在过去的传统手工染色时代，还是在以染色技术为主导的今天，扎染、蜡染、蓝印花布一直植根于人们的生活中，为民众喜闻乐见，并且活跃在现代时尚的舞台上。图1-3所示为传统扎染、蜡染、蓝印花布的染艺形态。

（a）扎染　　　　　　　　　　（b）蜡染　　　　　　　　　（c）蓝印花布

图1-3　传统扎染、蜡染和蓝印花布

五、滚筒印花、圆网印花、转移印花、数码印花

滚筒印花、圆网印花、转移印花等是18～21世纪织物印花的主要技术。它具备了工业化机械优质高效生产、信息化技术快速应对市场需求的特点，每种技术都有着各自的优越性能。如转移印花技术（其工作原理是通过加热把转印纸上的分散染料转移到涤纶等合成纤维织物上）不仅能够获得精细逼真的花纹图案，同时还以其易操作、无水节水和零排放的绿色生态优势，广泛应用于个性化成衣印花和家纺面料开发；信息化时代的数码印花技术，其"人机互动"的工作模式、直观可控的操作流程、节水节能的环保特点和柔性生产的突出优点，为现代织物的个性化、艺术化整理提供了广阔的空间。现代印花技术的快速发展，为织物艺术表现更加精细、快速和个性化量产提供了重要的技术支持。

六、蓝晒

蓝晒，也称"氰化法印相"，是英国天文学家约翰·赫歇尔爵士（John Herschel，1792—1871）于1842年发明的一种接触式印相技术（古典摄影工艺），其成像过程为：以黑白负片或实物覆盖在涂有感光剂（柠檬酸铁铵和铁氰化钾混合溶液）的相纸上，通过紫外线曝光、水洗后生成蓝色调影像。蓝晒成像载体丰富，具有个性化的图案、古朴素雅的色彩、独具特色的手工体验感等特点，探索其与织物的跨界融合设计，通过压褶、刺绣、数码印花等技术的变化拓展，可在弘扬传统工艺文化精神的同时，为现代织物设计提供多重表达方式。图1-4所示为品牌欧美时尚（OAMC）复古而不失前卫感的蓝晒作品。

图1-4 品牌欧美时尚（OAMC）复古而不失前卫感的蓝晒作品

七、敲拓染、蒸煮转印染

敲拓染通过敲击、捶打的方式，将植物的色彩、枝叶廓形、纹样脉络等拓印到纺织品面料上，使织物呈现出丰富生动的肌理效果。这种工艺手法类似于明清时期我国豫西地区农村流行的"锤草印花"工艺原理。

20世纪90年代，澳大利亚艺术家尹杜·弗林特（India Flint）借助媒染剂，将植物中花、草、叶、茎的形状、颜色等元素通过高温蒸、煮的方式转印到面料上，在织物上形成了独特的自然纹理图案，是传统植物染衍生出的绿色生态创新工艺。

近年来，随着天然染料的流行，敲拓染、蒸煮转印染等植物印花工艺乘势而起，其生态、绿色、环保、可再生等特征，以及蕴含的手工温情、自然图案的独特美学价值，在现今纺织行业推动绿色低碳循环发展、促进全面绿色转型发展的驱动下，具有广阔的发展前景。图1-5、图1-6所示为植物拓染风格的印花服饰，色彩柔和，图案素雅灵动。

在染整艺术发展的历史长河中，这些能够赋予织物丰富传统美感的艺术形象和现代染整工艺技法，是艺术染整创作的源泉。它将各种能够赋予织物艺术形象的工艺手法融会贯通，推陈

图1-5 品牌迪奥（Dior）素雅灵动的植物拓染风格印花服饰

图1-6　品牌例外柔美清新的植物印花服饰

出新，使艺术染整在市场化实践中，发展成为我国纺织服装设计师创作个性化、艺术化、大众化织物、服装和家纺产品的一种新的设计语言。图1-7所示为品牌香奈儿（Chanel）、罗意威（LOEWE）、亚历山大·麦昆（Alexander McQueen）多元化的现代艺术染整作品。

（a）香奈儿　　　　　　（b）罗意威　　　　　（c）亚历山大·麦昆

图1-7　多元化的现代艺术染整作品

第二节　艺术染整的概念及内涵

一、艺术染整的概念

艺术染整是一个全新的人文染整概念，国家纺织产品开发中心《2005年中国纺织产品开发报告——染整篇》将其定义为：艺术染整，狭义上是扎染、拓印、转移压皱、丝网印花、即兴喷绘、涂鸦式绘制和拔色等新兴手工工艺集群的总称，即在各种纺织面料和成衣上，运用现代印染科技、数码技术和扎、缝、包、染、喷、绘、拓、刷、雕、压等多种特殊工艺手法，创造出区别于工业印染审美特征的平面和立体、单色和多色交融的具有丰富艺术表现力的后整理技术。由于艺术染整的一系列技法主要是在扎染工艺的基础上拓展的，习惯上称为"现代扎染"。

广义上，从视觉艺术形式的角度讲，一切对纺织面料、服装和家纺产品进行视觉艺术创新后整理，对面料、服装、家纺产品进行"二次整容"的工艺技术，都可以纳入艺术染整的范畴。具体还包括传统手工印染的绿色生态创新工艺；运用数码技术、印染技术与多种特殊手工技艺结合的，对国产面料进行面料视觉艺术再创造的工艺；运用各种激光蚀镂空、转移印花、电脑机绣、三维褶皱、手工贴布、钩针编结等多种技艺进行集成创新的面料再造工艺。

近年来，编著者在总结、继承、发展和应用传统扎染工艺的基础上，结合长期的教学研究、理论探索、市场开发和产业推广，提出了建立以传统扎染物理性防染原理为基础，包容现代染整科技、数码技术以及平面构成和立体构成等设计手法，创造纺织面料二维、三维视觉审美差别化功能的艺术染整核心工艺——现代扎染理论模型。现代扎染源自传统扎染工艺，为帮助大家正确认识、准确理解艺术染整和现代扎染概念的内涵及外延，让我们通过艺术染整的工艺沿革，一起探寻扎染艺术世界演进与发展的壮美历程。

二、艺术染整的工艺沿革

（一）扎染的起源与发展

扎染作为艺术染整的核心工艺，随着科技进步、服装产业和艺术染整技术的发展而历久弥新。

1.扎染的起源

扎染是艺术染整技术的核心内容，是一门具有深厚历史文化传统的手工染色技艺，同传统的蜡染、夹缬等共同构成了具有艺术特色的"染缬"工艺。讨论扎染的起源，首先应该追溯染缬艺术发展的历史。有关染缬起源学说，长期以来众说纷纭，难有定论。影响较大的主要有埃及起源说、印度起源说、日本起源说、印尼爪哇起源说和中国起源说等。目前可考证的史实资料主要有以下几种。

（1）1986年美国纽约出版的《爱得克斯蜡染、扎染的染色技术》一书中指出，最早的发源地有四个地区：埃及，在5～8世纪即有实物蓝地白花麻织物；印度，在6～7世纪时山洞壁画上的服饰纹样中发现了蜡染花纹；中亚地区发现了约8世纪的棉布丝绸残片（对此文物残片的分析，学者大多认为其来源于中国、印度或当地）；远东，日本正仓院藏有公元710～794年的一些丝麻蜡染实物（史学家一致认为该实物由中国传入或由中国移民艺人制作）。

（2）清华大学美术学院（原中央工艺美术学院）专家雷圭元教授在《工艺美术技法讲话》一书中写道："蜡染的发源地在爪哇，发明年代已不可考。"

（3）美国已故哥伦比亚大学中文系主任杜马斯·法兰西斯·卡特（Dumas Francis Carter）在著作《中国印刷术的发展及西传》一书中写道："现存的中国早期蜡染、扎染实物，比埃及、日本、秘鲁、爪哇所发现的实物要早，特别是敦煌石窟和吐鲁番出土的实物足以证明这一点。"

（4）日本史书《日本书纪》中记载："日本扎染最早是在天智天皇六年。从很多资料和时间上分析，日本扎染是于中国唐代或者更早的时间由中国传入的。"关于这一点，从日本正仓院收藏的中国汉唐时期的扎染实物中可以得到充分的证实。日本的扎染技术来源于中国，不仅在日本历史文献和实物中有明确的记载和验证，而且在日本现代编著的有关扎染书籍中得到公认。

（5）最早记载扎染起源的中国隋代史书是刘孝孙的《二仪实录》，它记载了："秦汉间有染缬法，不知何人所造，陈梁间贵贱通服之。""隋文帝宫中者，多与流俗不同。次有纹缬小花，以为衫子，炀帝诏内外宫亲侍者许服之。"《二仪实录》记录了中国染缬自公元200年即有的历史，亦可推断出隋代的扎染产品在宫廷很受欢迎。

从历史考古文物来看，我们可以考证的染缬年代有以下几种。

（1）高昌古城4～8世纪的古墓中曾发现珍贵的蜡染品。

（2）新疆塔里木盆地和阿斯塔那305号古墓中，出土了西凉建元二十年（公元384年）的扎染实物。

（3）新疆塔里木盆地和阿斯塔那117号古墓中，出土的永淳二年（公元683年）的扎染实物，出土时缝串的线还没有拆去，可以清楚地看出扎染折叠缝抽的制作方法。

通过对上述扎染起源说以及考古文物实证的论述，可以大致推断出蜡染、扎染古老的手工印染技艺的源流。中国是人类的起源地之一，而扎染起源的时间基本可以追溯到秦汉时期。随着社会文明的进步和各国文化的交流，染织技术迅速发展，扎染技艺不断丰富和流传。

2. 扎染的分布现状及艺术特色

扎染技艺是民间文化的产物，与民族文化、审美形态有着密切的关系。基于同样的"物理防染"原理，扎染工艺却因为历史文化传统和自然环境的差异，不同的民族呈现出不同的发展形态。目前，从扎染技法和艺术风格两方面来看，具有典型代表性的扎染地区主要有亚洲（中国、日本、印度和印度尼西亚）、非洲、美洲和欧洲四个地区。

（1）亚洲。

①中国。中国作为扎染最早的起源地之一，从秦汉时期产生的扎染技艺发展至今，已有两千多年的历史。我国扎染工艺的发展，经历了发生、发展、兴盛、衰落、复兴到民族融合的漫长历史进程。回望中华千年扎染发展史，对扎染工艺发展影响较大的四个时期为唐朝、宋朝、明清和现代。

国运昌盛、经济繁荣的唐朝，是我国扎染工艺空前发展与兴盛的时期。从当时流传的"醉眼缬""四瓣花罗""花鸟纹"等千姿百态的图案纹样可以看出，唐朝扎染的工艺技巧已经达到相当高的水平，扎染花样丰富多彩、不断翻新，盛况空前。"带缬紫葡萄"（白居易）、"花坞团宫缬"（杜牧）、"竞将红缬染轻沙"（薛涛），从这些唐代诗人赞美扎染的诗句中，我们可以感受到当时扎染流行的盛况。

至宋代，扎染技术普遍成熟，称"斑缬衣"。由于扎染工艺流行，导致大量的人力用于制作精细的扎染服饰，以致当时的社会经济难以承受。《宋史·舆服志》载天圣二年诏令，在京士庶，不得衣黑褐色地白花衣服并蓝黄紫地撮晕花样，妇女不得用白色褐色毛缎并淡褐色匹帛制造衣服，令开封府限十月断绝。由此可见，因朝廷的干预，当时流行的扎染技艺受到致命的摧残，导致许多扎染工艺技法失传，扎染技艺在中原日渐式微。

明清时期扎染物品虽然作为"奢侈品"在宋代被官方严禁使用，但西南边陲的少数民族仍保留着这一古老的技艺。随着经济的复兴，明清时期尤其是清代后期的资本主义萌芽时期，城乡都出现了初级市场，这些少数民族的手工艺品也开始进入市场。辛亥革命以后，经济市场进一步扩大，极大地刺激了手工艺品的生产，扎染技艺有了更为广泛的发展，各地城乡市场上都有扎染布的大宗交易。至此，扎染生产已初具批量化生产的雏形。

20世纪末，中国与世界各国的文化交流，国际贸易的快速发展以及时尚流行的影响，我国扎染工艺在较为发达的沿海地区和中原地区开始突破传统扎染的单一风格，在面料载体、图案设计、工艺技法、时尚创意、应用范围诸多方面呈现出一种全新的开放气象。具体表现在写实与写意、具象与抽象兼容并包的表现形式，非遗时尚与防染科技跨界集成的工艺探索，顺应了国际纺织服装产业对艺术染整的内在需求，为现代扎染视觉差别化创新与审美风格的形成奠定了基础。

我国是一个地域辽阔、历史悠久的多民族国家，不同地区、不同民族的扎染工艺在扎染形制和审美情趣上异彩纷呈、各具特色。今天，仍然具有较强代表性、保存比较完整的扎染技艺主要分布在云南、四川、湖南、新疆和江苏南通等地区。

云南大理的周城是我国著名的扎染之乡，图案十分丰富，图形取材广泛，多为动植物、花卉等自然图形的写实形象。因其图案形象生动、晕纹自然、蓝地白花、青里带翠、素雅凝重，具有回归自然的拙趣和古朴典雅的风格；大理的扎染制作基本采用天然纤维面料、植物染料和手工染色的方法，一般用于家庭布艺、民族服饰和旅游品开发中，深受国内外客商的欢迎。图1-8所示为颇具民俗古典韵味的云南周城扎染作品。

四川是丝织业较早发展的地区，据有关资料记载，早在唐朝进入宫廷的高级织物中就有四川蜀缬（也称宫缬）。四川扎染技法较多，主要有绞、缝、扎、捆、撮、叠、缚、夹等数十种技法，在此基础上还讲究粗扎用手、细扎用针、手扎针缝并举等灵活多变的针法特点。四川扎染注意染色的层次变化，结构主要以单独纹样为规则排列，题材讲究流传已久的吉祥寓意纹样。四川扎染最具代表性的是自贡扎染的手巾、头巾、台布、窗帘、床单、桌布等，其因民族风格浓郁享誉国内外市场。图1-9所示为线条精妙、层次丰富的四川自贡扎染。

图1-8 云南周城扎染作品（段银开）　　　　　　图1-9 四川自贡扎染作品（张晓平）

湖南的湘西扎染制作也十分精美。其具有代表性的绞针法通过背面绞扎，正面嵌线防染，染色后织物花纹竟如工笔线描一般精细。湘西扎染构图饱满，图案题材多表现民间吉祥寓意，图案构成多采用散点状花纹，比较典型的图案花样有蝴蝶花、菊花、海棠花、牡丹、荷花、凤凰、鱼等。

新疆维吾尔族的艾德莱斯绸主要产于喀什、莎车、和田和洛浦，是我国独具特色的丝织品。用传统的扎染（绞缬）方法把经线扎结染出各种抽象纹样，穿经挂机后通过六个脚踏板用两只脚以交叉顺序踏板，踏板织机织成。这种技法需经过抽、拼、拎、扎、染、接、经、光、捶等四十多道工序制作完成。其色泽艳丽，且喜用对比色，图案由不规则的块面组成，抽象而具有律动感，极具艺术特色。

江苏南通和浙江沿海地区的扎染工艺，自20世纪末发展至今，在发掘东方绞缬物理防染技艺的基础上，融合时尚流行与现代印染科技，通过文化创意与集成创新，已经形成了既具传统扎染写实的精致，又有西方自由抽象构成的当代审美风格。与云南、湖南、四川及新疆等地传统扎染风格迥异，万紫千红，美不胜收。

以"南通扎染"为代表，地处我国最具经济活力的长江三角洲一带的扎染工艺，在传承中国扎染传统技艺精粹（包括日本和式扎染）、保持与工业印染视觉审美差别化风格的同时，注重满足现代纺织服装产业的时尚审美需求，逐渐呈现出更具现代审美意味的彩色扎染艺术风貌，初步形成了与我国传统扎染人文意趣相呼应的新的现代扎染风格。图1-10为具有现代审美意趣的南通扎染。

图1-10　具有现代审美意趣的南通扎染——品牌弄影（neoen）

②日本。日本称扎染为"Shibori"，在1992年成立的世界民间组织"World Shibori Network（WSN）"对其解释为：一个集合名词，包含捆、缝、折叠、包、卷、缠等方法，因为在英语中没有可与之相匹配的词汇，可解释为"扎染"。

日本扎染大约公元7世纪从我国传入，逐渐在日本形成自己的风格。在封建时代的日本，最早的扎染技术是日本社会中下阶层特有的工艺技术。因很多人无法负担昂贵的棉织或丝织品，故大多数人长期穿着同一件廉价的麻织品衣服。为了保持衣物的长久，他们定期修补或染上新色。这种技术也是当时平民文化的一种特色。德川幕府时期，社会繁荣安定，染布产业开始兴盛繁衍，日本全国各地纷纷发展地方特色，形成了两种主要的染布风格：一种是象征贵族风格的艳丽和服（京都风），另一种是自由发展的地方平民风格。日本扎染在明治维新时期，尝试将机械化引进扎染行业，在促使扎染渡过危机的同时，也使日本扎染技艺得到了进一步的发展并日趋成熟。今天，日本扎染以扎法和染艺丰富精良、制作细致华丽而享誉世界。图1-11所示为日本有松绞会馆传统扎染演示及模型，图1-12所示为贵族风格的日本和式扎染，图1-13所示为平民风格代表的日本有松绞染。

日本扎染艺术最具特色的是名古屋地区的有松染布。有松染布是地方平民风格的代表，名古屋有"扎染的故乡"的美称。有松绞是一种独特的扎染技法，是近代日本扎染的代表，其工

（a）制板

（b）扎花

（c）染色

（d）辅助工具卷扎

图1-11　日本有松绞会馆传统扎染演示及模型（顾鸣摄）

图1-12　日本精致华贵的和式扎染

图1-13　日本质朴自然的有松绞染

艺简单、图形多样（如岚绞），随着扎线手势的轻重、扎线的粗细与扎线回数的变化，可以染出各种各样的图形纹样，如斜纹、直条、格子、波形、龟甲形等上百种。概括起来，日本扎染可以分为以下流派。

三浦流：三浦流在继承中国风格的基础上又发展出自己的风格，以白色格子状的图案为主要特色。其制作方法是：开始染布前，染布师傅先将细绳以宽松交叉的方式绑在绢布上，再以蓝色染料上色。经过重复几次染色卸下细绳后，面料便呈现出层次参差的色韵和清新朴实的质感，给人以柔美纯粹的视觉感受。

岚流（狂风流）：这一流派的视觉风格以暴雨狂风般的纹路为特色，具有强烈的节奏感和速度感。其制作特点是将白布折叠和覆盖在一根长约4米的棍子上，并以不同的缠绞形式进行染色，最终形成独特而丰富的纹理图案。

蜘蛛流：该流派的特色在于其线条呈放射状。因设计多依赖于手工绞缬而费时较多，在有松染布中属于精品（现代机械改良后的呗绞染色图案与之相似，但有松绞的扎染艺人还保持传统手工方式制作）。

缝流、筋流：缝流是一种直接将细线缝在布上而不用染后拆除的风格；筋流的风格和三浦流十分相似，以格子状图形为主。

日本的扎染技艺主要应用于和服和日用工艺品中。

③印度。印度称扎染为"Bandhani"，《大英百科全书》中描述Bandhani是一种在很多地方流行的束缚染色法。它的制作原理是先把面料折叠出需要的式样，然后用线扎紧，把扎紧的布浸入染缸就形成了复杂的扎染图案。公元7世纪梵文作家波那（Bana）称这种工艺为布拉卡-班达（Pulaka-bandha），有几何图案，也有兽形、人像或花卉图案，极其精细。

除"Bandhani"以外，印度还有一种纱线扎染的技术，称"伊卡"（Ikat）。伊卡技术是指在纺织前，将经纱线和纬纱线按照预定的形式（预算好的图案）进行扎染，然后织成设计的花样。从工艺上细分，伊卡织物分为经纱扎染织物、纬纱扎染织物和经纬纱同时扎染织物三种类型。在印度，伊卡技术以工艺最复杂、技术要求最高的双向纱线扎染这一类型最多。伊卡也是印度最具特色的传统扎染织物，其外观风格华丽、充满情调，同我国新疆的艾德莱斯绸有异曲同工之妙。关于两者起源的先后，有学者经过细致考证后认为：我国新疆艾德莱斯绸的制造方法起源于印度的伊卡。

印度扎染技艺最有代表性的地区是古吉拉特邦和拉贾斯坦邦。伊卡技艺主要存在于帕托拉、班达、玛斯如等地区。织物一般用薄质丝绸和棉布制作纱丽、服装等；色彩绚丽，颜色多以红、黄色调为主；纹样注重装饰趣味，图案纹样带有浓郁的宗教色彩，如象征吉祥圣洁的莲花，象征富裕好运的鱼纹，象征生命永恒的蛇纹，象征力量、智慧的大象等，文化寓意深刻，尽显异域风情。印度扎染精美繁复的手工，艳丽迷人的色彩图案，美轮美奂，颇受当今时尚人士推崇。图1-14所示为精美艳丽的印度扎染。

④印度尼西亚。印度尼西亚把扎染称为"Plangi"，解释为颜色驳杂或空白小圆点。印度尼西亚人至今保存着对传统扎染图形风格的喜爱，传统扎染在技术上分为三种：一种是经线彰显花纹的经碎白点花纹布，一种是纬线彰显花纹的纬碎白点花纹布，还有一种经线、纬线都用来显示花纹的经纬碎白点花纹布。图案

图1-14　精美艳丽的印度扎染

以超越世俗意义的人像、动物、花草、文字、几何形为主，具有强烈的民族宗教意味。传统扎染织物一般用于披肩、头巾、围裙、腰布等，现在除了做传统服装，还作为西服料、室内装饰布，多出口海外市场。

（2）非洲。非洲扎染属于撒哈拉沙漠南面的新思达姆文化，图案花形以几何花纹为主，风格简练粗犷。由于非洲经济发展较慢，民族文化印记强烈，所以扎染艺术风格仍然保留着原始的意味。非洲扎染艺术地域分布较广，西非、南非、中非等地区均有保存较好的扎染技艺，但具有代表性的是西非尼日利亚、毛里塔尼亚等国，其在扎染技法和图案风格上均具有较强的地域特色。图1-15所示为原始粗犷的非洲扎染织物。

图1-15　原始粗犷的非洲扎染织物

非洲的尼日利亚地区喜欢用豆子、米或碎木填入结扣中，以扩张面料的局部在图形中产生Z字形或十字形图案；或将面料折叠后，染制形成螺旋形的图案用来制作头巾。图形多由大小一致的点构成，并具有螺旋形状的同心圆，此类扎花手法在约鲁巴和豪萨族比较多见。在毛里塔尼亚国家的北部地区，喜欢通过使用不同颜色的化学染料，制作出色彩浓烈的图案效果，颇似印度的扎染风格。

尼日利亚扎染在保持传统技艺的同时，也注重工艺的创新及其应用。如19世纪从黎巴嫩引入踏板缝纫机后，缝纫机就被广泛地应用在扎缝工艺中，甚至代替了部分手工扎缝。其工作原理是将面料打褶或沿着褶线不断重复、规则地缝线处理，将面料压成手风琴形状，再经染浴后产生独特的图形效果。图1-16所示为品牌189工作室（Studio189）独具韵律感的尼日利亚扎染服饰。

除了较有代表性的西非扎染外，南非的赞比亚扎染常使用混有龙胆紫的合成染料染出时髦的紫色调；图案喜欢采用圆形、椭圆形、长方形。点缀清晰的黄地红、黑花图案的迪达扎染，别具特色。

另外，非洲也有类似印度的伊卡技术，这项技术主要在加纳的部分地区，尼日利亚也有应用，多为经向、纬向、双向或复合伊卡，且在染色时比较保守，多为蓝白经典色调，同印度伊

图 1-16　品牌 Studio189 独具韵律感的扎染服饰

卡有着截然不同的外观。

（3）美洲和欧洲。哥伦布发现美洲大陆前，扎染已在美国亚利桑那、新墨西哥生产，而最早产地是秘鲁。美洲的扎染无论是在哥伦布发现美洲前还是欧洲人控制美洲后，大多数均极其简单，图案以圆形和方块的形式均匀地分布于面料上，或以直线的形式构成图案。所染图案常常是单色的，而且一般就是底色，技术上以捆扎为主，此外亦有缝扎染，甚至还结合其他的防染手段。

现代文明起源于欧洲，传统的手工扎染已然淹没在现代文明的浪潮中。然而，19世纪，匈牙利某些地区的青草染匠们，仍然保持着布投入染缸前先在布中缝入一些种子和谷物的传统，染成一些简单的图案。此外，与缝扎染和捆扎染类似的扎染可能在瑞典也曾被使用过。

扎染在美国及欧洲各国的相关记载较少，有文献记载，欧美早期的扎染艺术形态来源于非洲及印度，直到20世纪20年代才开始出现在家居装饰领域中，如扎染窗帘、台布等❶。20世纪60年代，在现代社会思潮和现代艺术观念的冲击下，扎染受到"嬉皮士"运动、现代绘画艺术形式和摇滚乐的影响，产生了迷幻光影与饱和色彩混搭的现代视觉图形，呈现出摇滚乐般强烈的节奏，将人们无拘无束、向往自由的个性演绎得淋漓尽致，深受时尚青年的喜爱。图1-17所示为艺术家约翰·塞巴斯蒂安（John Sebastian）演出时身着嬉皮风格的扎染服装，图1-18所示为风靡当时的彩虹螺旋扎染图。

自此，融入当代流行文化的扎染艺术走进时尚领域，开始应用于大众休闲T恤文化衫、高

---

❶ 编者认为，这种现象的形成主要与欧洲先进的工业文明尤其与印花技术和刺绣文化有关。

图 1-17 穿着具有嬉皮风格扎染图案的艺术家约翰·塞巴斯蒂安

图 1-18 彩虹螺旋扎染图案

级时装和高级成衣等领域，成为艺术染整视觉创新风格形成的重要基因之一。如迪奥（Dior）、香奈儿（Chanel）、路易·威登（Louis Vuitton）等国际奢侈品品牌，运用现代扎染技术，演绎出或变幻迷离或优美高雅或个性十足的时尚服饰。图 1-19 所示为品牌 Dior 形式丰富、引导时尚新浪潮的欧洲扎染时装。

图 1-19 品牌迪奥引导时尚新浪潮的欧洲扎染时装

3. 扎染艺术形态的演变

各地区、各民族不同的自然条件、文化传统和民众素质，赋予了扎染不同的审美意蕴和艺术风格。同时，时代的发展和东西方文化差异，也使扎染在图形构成与色彩表现方面呈现出各自不同的特点。扎染艺术作为传统手工印染三大防染技术中应用最为广泛的染色技艺，以其千年的文化传承和兼容东西方的审美意趣，已经发展成为跨越历史时空、积淀人类深沉情感、广为世界各国人民喜爱和经久不衰的工艺美术形态。扎染与今天的纺织服装和时尚创意产业链接，催生出一个新兴的现代扎染产业的细分市场。

了解、熟悉扎染艺术形态的发展和演变，是学习艺术染整工艺设计与应用课程的基础。下面我们就从现代扎染工艺技术的演变、图形风格的形成展开讨论。

（1）工艺技法的形成与演变（表1-1）。扎染，大约起源于公元前2世纪染色技术刚刚起步的古代社会，相对于早期的绣花、手绘技艺而言，扎染工艺具备简单、易操作并能赋予织物、服装特殊艺术效果的优越性，经过不断发展，逐渐形成一种独特的手工文化，并相继在世界各地普及。早期的扎染是先民在生产实践中利用"物理防染"原理，创造出的一种简单实用、朴素美观的民间染整技术。其主要技法是将织物进行捆绑、缝扎形成局部防染空间后，再根据设计要求反复浸入天然植物染液（浸染）显花。

表1-1 扎染技法与风格演变

年代	主要技法	主要风格	代表国家	代表图片
公元前2世纪~公元9世纪	缝扎绞浸染……	单色以蓝白为主、民族风格、朴实的几何图形	中国	
公元10世纪~20世纪60年代	包缠棍扎机器扎……	单色、复色、写实、民族风格、具象图案	日本	
20世纪60~90年代	点染拔染过渡染……	多彩色、活力、几何、抽象图形	欧美国家	
20世纪90年代至今	拓印喷拔染注染段染综合……	抽象与具象、民族与现代、多元化与个性化并存，注重综合工艺的集成化创新	欧美国家	

在扎染发展的历史长河中，随着扎染工艺在人们生活中的应用普及，扎染技艺在扎花技术

和染色工艺方面不断发展和成熟。尤其是唐代以后（公元9世纪后），日本民族在引进、学习、消化中国扎染技艺的基础上，结合自己的民族特色不断创新和发展了各种新型扎法、染法和相关辅助工具，如包扎、棍扎、桶扎、弹簧扎、机器扎等。仅在捆绑、缝扎时，变化绕线方法、绕线圈数、走针方向，或以辅助工具创新扎法，就有一目、横引、四卷、关东绞、龙绞、呗绞等工艺方法。因扎法不同产生千变万化、形态各异的扎染图形，极大丰富了传统扎染的表现力。这个时期的扎染技艺，已经初步显现出优于蜡染防染工艺的丰富性、可拓展性的特点。

进入20世纪60年代后，扎染工艺开始突破传统扎染技艺的局限，逐渐演变成为一种能够整合现代印染技术、色彩图案构成艺术、创造差别化视觉、不同于常规染整和传统手工印染的全新的特种染整工艺。如运用传统扎染工艺将织物捆扎聚集后，用节水、无水、环保印花、涂料、喷绘的形式，替代传统的染料浸染方法。以注染为例，运用环保型活性中浅色染液，将面料或成衣根据设计图案进行扎粒或聚集"防染"，上染时借鉴国画写意泼墨法，使用笔刷、容器等辅助工具，泼彩注刷于纺织物或成衣上，经过高温汽蒸固色，形成现代抽象图案构成和水墨淋漓的色韵效果，辅以精细的中深色环保水浆印花或电脑绣花工艺点缀，赋予织物全新的视觉、环保的品质和艺术附加值。

（2）图形风格的形成与演变。扎染图形风格的形成与演变，与当时的生产力发展水平、染整技术水平和社会审美风尚息息相关。人类的审美对艺术形态提出形式方面的要求，而印染技术的不断创新则从根本上促使艺术形态的改变。概括起来，扎染图形风格的形成、演变的主要阶段，可大致划分为四个时期。

①早期扎染艺术形态的形成阶段：早期扎染的艺术形态，受到染料及工艺技术的限制，在色彩关系处理上，以蓝地白花、蓝白色调等单色表现为主，图案形态则通常表现为规则的点、线、面几何构成，呈现出一种清新朴实和单纯明净的艺术风格。扎染，这种清新质朴却又耐人寻味、充满手工温暖的早期艺术形态，长期以来专属于传统民间工艺美术的范畴，而与蜡染、蓝印花布一起，并称为"手工印染"或"传统三染"。

②早期扎染艺术形态的发展阶段：艺术形态和社会文化是分不开的，相对于早期的图案形态而言，近千年来的扎染除了受到技法和染料的限制外，不同地域、不同民族的文化传统对它的影响也非常大。尤其是文化形态带有浓厚的宗教特质及神化色彩的地区，如亚洲地区的中国、日本、印度等国家，传统宗教图案和民间图腾往往被广泛应用于扎染的创作中。通过扎粒（捆扎）的点构成线和面，或以线（绞扎）塑造出生动具象的艺术形式，是这个时期扎染技艺的最高境界。因此，写实的、民族的风格是这个发展阶段图案形态的主要艺术特征。如表1-1中中国方巾图案、日本和服图案以及印度纱丽图案，虽在图案形态和意趣上有所不同，但对扎染图案造型生动具象的艺术追求十分相似，因而又各具本民族独特的文化气质和异域风情。

③现代扎染艺术形态的形成阶段：20世纪60~90年代的扎染，是扎染艺术风格发生重大变化的关键时期。这个时期的扎染图案形态，一方面，受到社会主流文化的影响；另一方面，现代染整技术的突破也是一个极其重要的因素。染整技术的突破，主要表现在活性染料的发明

和使用上。化学染料的推广应用，工艺的多样性与色彩的丰富性，使扎染工艺突破了浸染上色时单一工艺的制约，开发出点染、拔染、注染等特种染色技术，从而赋予织物五彩斑斓的全新艺术形态。

主流文化的改变表现在两个重要的方向：一是社会进步，使人们的生活方式由乡村习俗转向城市生活，导致以民间、乡村形态为主要存在方式的扎染文化逐渐被新文明替代；二是西方发达国家的现代文明占据现代生活方式的主流，经过西方现代文明冲击、洗礼的全新扎染艺术形式，渐渐成为当代主流时尚。这一时期，逐步成为西方主流时尚的扎染艺术形态，开始脱离东方扎染清新质朴、情感细腻的传统形态，无论是图案造型还是色彩构成，都已初具西方抽象派和野兽派艺术倾向的现代风格。

④现代扎染艺术形态的发展阶段：20世纪90年代，扎染艺术表现形式呈现出前所未有的包容性和丰富性，并且逐步演变、发展成为传统民艺技法与现代印染科技综合、东方写意表现与西方抽象审美融合的当代扎染风格。多元化和差别化表现在染艺形态和审美风格上，基本可以概括为：绞缬浸染——精致主义的写实风格，聚集浸染——抽象形式的写意风格，吊染工艺——朦胧渐变的优美风格，段染工艺——随意浪漫的乡村风格，注染工艺——活力四射的时尚风格，综合工艺——街头艺术的后现代风格，数码染整——传统与现代的多元化风格，植物染色——环保生态的绿色风格。

20世纪后期形成并开始流行的炫彩、抽象、动感的扎染图案，传达出颓废、浪漫、自由、奔放的扎染意趣，与手工印染早期追求的蓝地白花、粗犷朴实的扎染民间艺术相比，它以多元化、差别化的全新扎染形态，不仅在工艺技法上充分显现出综合创新的宽泛性和集成性，还在图形创意与视觉审美风格上，逐时尚大潮、开一代新风，成为传统扎染融入现代生活方式、融入现代纺织服装产业链、催生艺术染整集成创新和产业化的起点。如果说传统扎染在人们的认知中还只是一个固定的、蓝白单色的物理性防染手工技艺，那么今天我们尝试用现代扎染这一全新概念，对20世纪后期出现的多元化和差别化的扎染艺术形态重新进行定义，应该是相对准确的。从本质上看，现代扎染和艺术染整，就是传统扎染（指惯识中的扎染概念）千百年来植根于民众生活，顺应时代发展，不断创新演变和健康发展的结果。

作为艺术染整工艺核心的现代扎染工艺，虽然具有手工印染"物理防染"显花的基本属性，但在工艺表现技法和图形视觉审美风格上，与传统扎染相比并非约定俗成和程式化，而是与时俱进、宽泛自由和兼容开放的。

（二）传统手工印染的工艺特色

作为现代扎染和艺术染整工艺源头的传统扎染，至今在云南大理保护比较完好，它在本白色土布上摹绘画稿，用针线缝制，如手工平缝、折缝、柳缝等，是一种以线条为主的造型技法；点粒扎花采用传统的一目、四卷等特殊扎法，积点成线、组合成面的图形构成；大小帽子则是在所扎花型的部位点色或者留白，再用一种耐高温的聚氯乙烯（PVC）薄膜将花型部位包扎起来浸染，达到防染、显花、显色的目的。图1-20所示为传统手工扎染的工艺特色。

同属于传统"三大防染"工艺的中国蜡染以贵州及四川自贡影响最大，一般以石蜡、蜂蜡按一定比例配好热熔后，用勺、刀和笔将液态蜡在布面或成衣上按图案定位进行刷绘，从而形成一层保护层，在染色中产生防染效果，并形成"冰裂纹"特殊花纹。图1-21所示为蜡染的冰裂纹工艺。

蓝印花布以江苏南通等地为代表，其工艺原理是把豆粉浆与石灰粉按一定比例调和后，按花型版的定位涂印在面料上形成防染层，再经靛蓝染色形成"蓝地白花"或"白地蓝花"的一种民间传统染色工艺。图1-22所示为蓝印花布艺术。

中国传统手工印染，以统一的靛蓝色调、独特的防染技艺在土布粗服上释情抒怀，表现题材多从历史传承、民间采风中选取。装饰图案设计常以乡村民坊喜闻乐见的人物、动植物图形以及远古图腾变形入画，广泛应用于旅游工艺品及民族服饰产品的设计开发，形成了具有中国民族特色的工艺美术品系，并以个性表现的原始张力和质朴清新的视觉效果，在日本、欧美和中国旅游业占有一定市场。

（三）传统手工印染工艺的局限

传统手工印染的民俗风格及其工艺属性，决定了它的产业性质较难与现代纺织服装产业对接，主要表现在：首先，运用"三染"工艺开发的传统服饰产品，审美趣味远离现代生活，单调原始的工艺表现和技术手段，无法演绎瞬息万变的时尚流行；其次，传统作坊式生产与经营方式，较难适应现代的市场节奏和激烈的市场竞争；最后，由于所用靛蓝染料色相的单一性和染色工艺的局限性，染色牢度、质量标准得不到有效保证，因此制成品的服用性能比较差。20世纪80年代末至90年代初，国内曾有过扎染、蜡染工艺时装化和产业化的初步尝

图1-20 传统手工扎染工艺特色

图1-21 蜡染艺术

图1-22 蓝印花布艺术

图1-23　形式单一的传统扎染服装

试，颇具实力的厂家也在国内大型展会举办时装秀进行推广，但因为审美风格过于夸张、工艺趣味远离流行趋势，并不符合现代人的生活方式，未能进入主流纺织服装市场。图1-23所示为传统扎染服装。

（四）传统扎染工艺拓新的意义

由于传统手工印染，特别是传统扎染工艺存在一定的局限性，因此在融入现代服装产业的过程中并非一帆风顺，但这种主动对接市场的产业实践和工艺推广，对我国传统扎染融入现代纺织服装产业、催生艺术染整细分市场具有特殊的意义。

"国粹三染"传统防染工艺技法及其独特的活动行为方式，是中华民族的珍贵宝藏，其"物理防染"显花的绿色生态性和华夏文明的民族性，传达出中华文明"天人合一"的自然观，具有传承和发掘的人文价值。面对优秀的传统工艺，怎样"遗貌取神"，精研其诗化创意"古为今用"于当代设计，"推陈出新"走向市场，是一个具有现实意义和文化价值的研究课题。

作为艺术染整核心工艺的现代扎染，凭借对未来服装产业发展走势的敏锐洞察，以"非遗时尚"实践活态传承的探索精神，大胆地跳出民间传统工艺的老路，并在继承、扬弃和发展传统民艺精华的基础上，结合现代印染科技、数码技术与时尚创意，通过工艺集成化、生产流程化、产品标准化和市场国际化的战略调整，主动融入中国纺织服装产业，走出了一条中国纺织非遗"创造性转化、创新性发展"的复兴之路。图1-24所示为国产品牌素白·马乖融合传统染色与现代科技染整的服装。

可以说，我国现代扎染工艺融入纺织服装产业的成功，是扎染企业走出传统手工印染"靛蓝情结"，面向现代时尚商业运作转型的成功；是由手工印染艺人口传心授式的作坊式生产迈向现代企业管理平台，科学技术与艺术创意互渗共生；是通过传统手工艺行业与纺织服装产业跨界、集成创新实践，尝试融入中国纺织服装产业链和全球化经营转型的成功，也是传统扎染工艺创新的价值和意义所在。

三、艺术染整的工艺特征

艺术染整通过规范设计，将"国粹三染"独特的防染技术方式与现代染整科技结合，并组织成工业化的生产形态，每块面料、每件成衣在生产的过程中都需要经过训练有素的手工艺人的制作，同时，还与现代染整技术和数码技术相结合，形成全新的视觉风格。这种由传统"女红"和"画师"们运用多种工艺技法，激情原创产生的特殊工艺之美，是对传统三大染色工艺

图1-24 品牌素白·马乖融合传统染色与现代科技染整的服装

的秉承、扬弃和拓展，也是现代印染工业设备克隆所无法企及的。因此，与传统手工印染和工业染整相比，艺术染整工艺具有以下几个鲜明的原创技术特征。

（一）自由设计成衣染色图形

与传统扎染工艺不同，艺术染整在绿色环保、染色牢度标准、染色生产流程以及生产控制方面，具有现代染整产业的特征，因而能够适应经济全球化对纺织服装产业的要求。艺术染整在面料和服装染色图形的创意设计方面，由于不需要经过工业化印染繁复的制板工序，可以根据市场需求进行打板试样，因此工艺自由、极具效率。主要表现如下。

1. 适应现代市场的柔性需求

根据市场流行导向和设计意图，艺术染整可以在较短的时间内即时完成大量的实样方案提交买家优选确认，当图形创意和配色方案经客户确认落单后，可以迅速投产，并能根据客户的个性化需求，延伸开发出多种配色方案和图案花型，形成多品种、小批量的系列优势，以满足现代主流时尚快速反应的客观需求。成衣染色工艺图形一体化的艺术染整工艺，是具有中国原创性质的人文染整技术，也是艺术染整专利技术的核心工艺之一。

2. 打开设计者的创意大门

与工业染整印花工艺相比，艺术染整在设计题材的选择、创作灵感的溯源和东西方文化意蕴的表达方面，其不拘成法的工艺表现与现代平面构成理念的融合，形成了艺术创意的发散式思维，拓宽了纺织服装设计师图形创造的视野。同时，艺术染整倡导的对东西方文化意境、形式美的理解，包括对流行艺术的参悟，都是图形造化灵感不竭的生命之泉。艺术染整的工艺属性，对富于激情的设计师来说，赋予其"海阔凭鱼跃，天高任鸟飞"般的设计创意自由。

3. 染艺表现技法丰富多彩

从平面图形设计创意来看，吊染高调处理形成的渐变可以传达出春暖江南的优美情愫；注染泼彩强烈的视觉冲击，有如艺术大师刘海粟老人的一砚梨花春雨，泼湿了黄山松涛云海；传统缠绞浸染产生的抽象纹理，依偎着交错颤动的线条和神奇变幻的色光层次，仿佛克劳德·莫奈（Claude Monet）的日出印象；源于现代西方即兴涂鸦的"洋为中用"，疑似另类T恤迸发的摇滚节奏；那喷拔水洗造化出的历史年轮，有如设计师"逝者如斯"的彻悟……扎拔、雕拔、转印、刷绘、喷染等艺术染整家族中的成熟技法不胜枚举。这些浓缩着东方传统文化哲思和富于西方现代气息的原创染整语言，给予设计师思接千载的自由畅想和神游八极的市场空间，成为个性化设计与时尚创意的强大技术平台。图1-25所示为品牌形式多样的艺术染整作品。

（b）加布里埃拉·赫斯特时装

（c）亚历山大·麦昆时装

（d）德赖斯·范诺顿时装

（e）普拉达时装

（a）保罗·科斯特洛时装

图1-25 形式多样的艺术染整作品

（二）即兴创意三维肌理美感

"艺术染整"对面料进行后整理时，将千变万化、常变常新的纺织面料外观概括为平面图形创意与三维肌理再造两大类。对国产面料进行三维记忆成型的艺术后整理，是艺术染整的核心技术之一。

学习与借鉴日本著名时装设计大师三宅一生"我要褶皱"的创意，积极融入欧美主流时尚，通过对三维记忆成型技术的集成创新，不断创造国产面料和成衣"新外观"，以独具中国文化特色的新工艺和新视觉引导市场，是艺术染整的重要课题。自2000年以来，我国现代扎染工艺的科研人员经过多年探索，在面料和成衣三维再造的工艺实践和理论研究方面，不断取得阶段性成果；在产业流程优化、国产面料开发应用方面，也已超越了"一生褶"的范畴。艺术染整在尝试多种褶皱工艺突破二维模式的同时，更加强调与平面扎染、无水转移印花、数码喷绘、数码光蚀、数码绣花、环保水浆印花等相关工艺的嫁接，综合创造出自主研发的面料再造核心技术，以适应不断变化的国际市场对面料和服装的新需求。图1-26所示为设计师韩磊、郭培运用褶皱工艺的时装作品。

（a）韩磊时装作品

学习以即兴创意三维肌理美感为特征的艺术染整工艺，需要重视以下两点。

1. 积极选用国产新型面料

艺术染整三维记忆面料开发的原理是：优选国产基布面料或成衣，按工艺设计要求聚合褶皱后，经过高温高压等物理改性，获得稳定的形状记忆和外观造型，产生与一般纺织面料或成衣完全不同的视觉肌理"新外观"。这种面料再造后整理工艺，由于纺织面料的色彩、款型、尺码、肌理、手感等在高温条件下产生变化，工艺参数较难控制，因此对所用面辅料的要求比较高，过去一般从意大利、日本和韩国进口。因此，注意开发和优化国产基布面料，突破进口面辅料工艺壁垒，推广使用国产面料"以产顶进"，不断降低面料成本，已经成为提高我国艺术染整后整理国际竞争力的关键。

积极采用国产新型面料进行优化试验，从中优选出肌理丰富、功能互补、成型记忆好和性价比高的国产面料，创设科学的、便于检索的国产三维记忆面料技术参数数据库，建立能够满足国内外中高端主流市场的国产面料实验模型十分必要。一般情况下，含涤成分30%左右的各类针织经编、机织厚薄型面料，经筛选优化后均可采用，但要注意选择、创新、开发与面料特性相适应的褶皱工艺，这是完善、稳定艺

（b）郭培时装作品

图1-26　设计师褶皱工艺时装

术染整三维记忆成型工艺的核心技术。近年来，经常使用的经过优选的国产面料主要有以下几类：各种改性涤纶面料，再生涤纶改性面料，含涤成分的涤棉、涤腈、涤毛、涤丝等混纺交织面料，经编新型面料，电绣绗缝面料和涤纶机织基布长涤绒仿裘皮面料等。这些面料通过批量

生产的实践和国内外服装市场的检验，性能相对稳定，记忆成型良好，外观花型丰富。近年来，褶皱艺术时装在国内外销量呈现增长趋势，是一种极具视觉差别化、艺术个性化的高附加值产品。图1-27所示为国产品牌弄影三维肌理成衣。

图1-27　国产品牌弄影基于三维成型的艺术染整成衣

　　进口面料国产化和面料组合多元化的拓展，还应该注意从挖掘基布材料的"语义"出发，在充分表现面料质感的基础上，丰富三维肌理语汇、创造时尚服饰"新外观"，提高面料和成衣服用舒适度，最大化地满足现代人对服用性的功能需求和时尚化的精神追求。因此，我们学习、实践和推广艺术染整三维记忆面料成型技术，在诠释现代设计理念、彰显中国原创精神、挖掘产品人文内涵、提高中国纺织服装附加值等方面，上述对国产面料三维记忆成型技术的探索实验，已经超出了应用性开发和学术研究的范畴。

2. 不断创新工艺技法

　　运用国产面料进行三维视觉形式的创新，是褶皱服装赖以生存和发展的生命。三维记忆的工艺能否适应面料的变化，技术创新是关键。其主要表现在现代扎染二维平面技法与三维记忆技术的集成、三维后整理设备的集成化设计两个方面。

　　（1）在对面料和服装平整光洁的二维外观进行"整容再造"时，根据面料材质和设计风格的不同，注意尝试运用现代扎染中浸、注、拔、喷、绘等多种平面技法与三维记忆成型工艺集成化，可以产生万花筒般无数种的组合方案。启迪设计师即兴创意的灵感，工艺创新和时尚创意的乘法效应，常常在这种"迁想妙得"中诞生。

　　（2）结合面料本身质地，在立体浮雕成型工艺方面不断创造，通过数码技术与热电机械成型设备、高温高压设备、激光纸模成型设备、染整焙烘设备等集成化设计，设定开发出新的三维记忆工艺后整理技术和柔性化工艺流程，始终是技术创新的重点。目前技术比较成熟并且进入产业化的主要工艺技术有热敏辅料成型法、喷绘绞缬高温成型法、电压式聚集压延转移印花成型法、数控提花模具电热成型法、纸模褶裥转印成型法和综合集成工艺法等工艺。这些工艺的应用性开发，丰富了三维设计语言，拓展了传统染整空间，将艺术染整的工艺表现力提升到了一个新的高度。图1-28所示为品牌三宅一生（Issey Miyake）不断创新的三维记忆工艺作品。

即兴创意三维肌理美感的设计思想，以优选国产新型面料和不断创新工艺技法为双翼，体现出欧风典雅丝绒拔染的高贵、淑女娟秀涤丝绣花热敏处理的优美、西部牛仔涤棉绞喷的豪放和前卫朋克麂皮转印个性的张扬，独具艺术魅力，引领休闲市场。作为成衣后整理的三维记忆成型创新技术，时间上容纳四季，面料适应范围广泛。在纺织服装普通产品利润空间越来越小的今天，是具有差异化竞争优势的。以中国原创面料再造、强化成衣视觉艺术功

图1-28　品牌三宅一生（Issey Miyake）不断创新的三维记忆工艺作品

能的二次开发，已经逐步发展成为现代工业染整技术的重要补充，并在国内外纺织服装高端市场中显现出旺盛的生命力。

（三）随类赋彩国际时尚流行

经济全球化和信息化带来了世界纺织贸易方式的变化，现代物流充分发展与"新零售"的兴起使中间贸易环节减少，从生产至最终消费的距离大大缩短。因此，面料与最终制品的结合更加紧密。

国内设计师羡慕国外设计师拥有选择面料的自由，经常被国内面料生产与服装设计脱节困扰。成衣染色图形创造一体化艺术染整工艺和面料及成衣三维记忆成型技术等艺术染整核心工艺，有效地克服了国内面料批量定制与个性化设计的矛盾、印染制板与快速出样的矛盾、面料抄板引起外观同质化的矛盾，并以市场、面料、设计和生产一体化的专业化优势，使设计师获得了随类赋彩和表现流行时尚的技术自由。熟悉并掌握艺术染整工艺语言的设计师，通过市场考察、媒体展会、时尚秀场和互联网捕捉到市场流行信息，就有可能在艺术染整柔性化技术的支持下，以最短的时间、最快的速度和最经济的费用，迅速完成自己最新的产品创意和设计，并以差异化和唯一性的视觉艺术效果，最大化地满足国内外纺织服装市场趋新求变的需求。

（a）范思哲时装

（b）玛丝曼尼时装

图1-29　品牌范思哲、玛丝曼尼融入欧陆休闲风潮的艺术染整服装

四、艺术染整的工艺魅力

（一）顺应时代发展潮流

随着户外休闲运动潮流全球盛行，休闲运动服装概念的内涵和外延不断丰富和拓展，使艺术染整成为重要的时尚元素和新的服装设计语言。商务休闲、家居休闲、户外运动等休闲运动服装新概念的推出，既为市场带来了前所未有的活力，也给艺术染整带来了新的商机。图1-29为品牌范思哲（VERSACE）、玛丝曼尼（MSGM）融入欧陆休闲风潮的艺术染整时装。

由于休闲与运动自由的着装风格，摒弃了现代工业标准化的克隆和理性，在服饰审美的价值取向上，自由的、个性化的心理日趋鲜明，人们倾向于一些区别于现代纺织印染审美共性的图形，选用扎染、特种转印、喷绘、雕绣、做旧等特殊工艺来设计和制作服装并进行文化推广。特别是近年来，随着国潮、国风的兴起，中国原创休闲运动知名品牌如"中国李宁""安踏"等，深受年轻消费群体青睐，一个有着巨大发展空间的休闲运动、户外运动服装市场应运而生。顺应时代的发展潮流，休闲运动服饰已经对我国服装产业的结构调整产生了深远的影响。艺术染整也因其浓厚的人文色彩和丰富柔性的工艺，成为我国休闲运动服装产业蓬勃发展的技术支持和文化特色，有着广阔的市场前景。

（二）领导服装流行趋势

现今，我国已成为全球最大的纺织品服装生产和出口国。产业转型升级以及国际纺织产业格局调整等变化，为我国纺织服装行业带来了新的考验。同质化严重，个性化、差异化缺失是当前我国纺织服装行业向高质量、专业化、品牌化转型升级面临的主要问题。

艺术染整在充分发挥自身工艺比较优势的同时，依靠现代印染科技和数码技术的支持，突破传统手工印染的局限，广泛应用于真丝、棉、毛、麻、大豆纤维、腈纶、锦纶、涤纶、黏胶纤维等各种面料或成衣。同时，艺术染整能够对市场最新的流行预测实时响应、迅速反馈，运用互联网获取全球性资讯，应用计算机辅助设计系统进行最新的配色方案优化和图形创意；运用现代扎染绞、褶、浸、注、绘、喷、拔、刷等独特的工艺技法，借鉴平面构成和现代绘画艺术丰富的表现手法，对国产面料进行"艺术再造"，创造出"有意味的形式"。它具有浮雕般的质感、泼彩晕化的写意效果和出神入化的抽象构成，使国外高档纺织印染面料难以效仿，显现出别开生面、跨界融合、兼容东西方文化的艺术个性。图1-30所示为品牌素然水彩晕染与定位印花呈现出的独特视觉美感。

图1-30 品牌素然泼彩晕化的写意效果服装

艺术染整的差异化工艺语言，因其中国原创的民族性而具有世界性，取得了引领时尚流行的发言权。图1-31所示为品牌绝设引领时尚潮流的艺术染整时装。

（三）满足服用个性需求

马斯洛设计需求的三个层次告诉我们，人们在生理和心理方面的需求，是按照一定层次排列的。生理需求范畴：生理需求——安全需求；心理需求范畴：社会需求——自尊需求——自我表现需求。生理需求是最基本的，而心理需求是最有个性和最高级的。

作为艺术染整核心工艺的现代扎染，灵活多变的工艺表现，图案花型大同小异而件件不同的视觉唯一性，适应并满足了人们对于着装的个性需求。同时，设计师为了满足现代人追求自我、求新创变的消费心理，在创意设计时亟须探索新的艺术语言，以研究和实验的工作态度，"不择手段"地采用非常规的染整手法来创造特殊的肌理效果，极大地促进了传统手工艺文化复兴。在南通一带具有规模化的艺术染整生产企业，完成一批时尚服装新款的扎花工艺产品，有时甚至需要同时组织上百人协同操作。这种独特的防染活动及其行为方式，不仅创造出独具

图1-31　品牌绝设引领时尚潮流的艺术染整时装

视觉审美风格的个性化产品，而且传达出人文染整特有的手工温情，展现出非遗时尚、艺术染整迷人的工艺魅力。图1-32所示为华艺扎染工作场景与染整作品。

图1-32　充满手工温情和时尚魅力的南通扎染

五、艺术染整的图形特色

作为艺术染整核心工艺的现代扎染，既是现代人回溯民间手工印染审美意蕴、适应现代生活方式变化而创造出的一种特种染整技术，也是人们用当代审美意识、时尚理念与技术手段，探寻和表现艺术美、技术美和生活美的一种鲜活的艺术创造活动。因此，艺术染整在传达民间染艺手工温情、人文关怀的同时，更是自觉传承中国传统文化精神，将时代审美观念融入当代生活方式的一种诠释。当然，这种诠释首先表现为差别化图形带来的强烈的视觉冲击，同时以其丰富精美的图案、绚烂至极的色彩、随意自由的节奏和无限创意的想象，成为人们感受美好、享受生活的文化视觉盛宴。

与传统手工印染和普通工业染整相比，艺术染整的图形特色主要表现在以下四个方面。

（一）包罗万象的图案题材

个性化、多元化、时尚化等流行文化的浸润，使艺术染整图案创作的题材呈现出极大的丰富性。与传统手工印染和普通工业染整相比，其纹样自由、随意、抽象，不拘泥于一定之规。写实与写意有机结合的纹样形态，恰是现代扎染视觉创新的特征，并且在某种意义上已经摆脱了东方与西方、传统与现代、宗教与信仰等文化意识形态的限制。在图案形式构成上，它不再局限于传统扎染连续、规则、对称和适合纹样的布局，而是在高级与低级、城市与乡村、具象与抽象、平面与立体、简单与繁复之间，在众多看似矛盾却充满独特情思的艺术创造中匠心独运，进行自由的探索和个性化表现。

图1-33所示为品牌路易·威登（Louis Vuitton）、迪奥（Dior）、范思哲（Versace）随意自由、具象和抽象形态的设计作品，它有别于传统扎染图案的构成法则和具象写实的审美特点。这种迥异于工业印染精确图纹的抽象形态，以其民族的也是世界的差别化视觉图形，释放出无限的创意魅力，呈现出艺术染整图案题材包罗万象的特色。

（二）绚烂至极的色彩魅力

艺术染整的重要特质还体现在色彩的多样性方面，即在继承与发扬传统扎染晕色渐变和谐之美的同时，又完全颠覆了传统手工印染蓝白审美印记的惯例，呈现出色彩鲜亮、图案华美的视觉效果，并以集东方绘画的深远意境与西方印象派绘画中色、光变化于一体的审美意蕴，引人夺目、独具魅力。同时，面料和成衣的流行色配置，能够表现出高级灰色调的微妙关系，继而在传统染艺文化、现代艺术形式美法则和纺织印染科技等不同领域，通过跨界、综合和创造，获得了绚烂至极、神秘奇幻的图案肌理效果。图1-34为品牌埃米尔（Amiri）、I.T BAPY、汤米·牛仔（Tommy Jeans）现代扎染独特的彩墨渗化图纹，多色交融、朦胧含蓄、色彩层次之微妙、丰富，都超出了现代印染丝网印花多版套色的范围。

（a）路易·威登　　　　　　（b）迪奥　　　　　　　（c）范思哲

图1-33　现代扎染自由多变的视觉形态

（a）埃米尔　　　　　　（b）I.T BAPY　　　　　　（c）汤米·牛仔

图1-34　现代扎染彩墨渗化的多色效果

（三）宽泛自由的材质选择

与传统扎染局限于棉、麻、毛、丝天然织物染色不同，艺术染整工艺能够广泛地应用于各种组织的纺织面料和成衣后整理中。无论材料成分、面料厚薄均可因材施艺，尝试运用艺术染整的工艺语言对国产面料或成衣进行面料再造的视觉创新。近年来，随着艺术染整工艺不断创新和技术进步，作为加工载体的纺织材料愈加丰富。图1-35所示为艺术染整工艺在皮革、牛仔等面料中的应用。

艺术染整除了能够选择多种材质进行面料再造，还能够与工业印染技术、数码技术和手工编织等进行集成创新，如与转移印花、涂料印花、电脑绣花、手工编织、激光整理、纳米涂料、数码喷墨印花等各种高新技术结合，对多种织物面料或成衣进行创意开发，极大地拓宽了纺织材料和国产面料选择的范围。

（a）皮革　　　　　　　　　　　　　　　　（b）牛仔

图1-35　现代扎染无限拓展的应用领域

（四）无限创意的视觉创新

现代印染科技和数字化应用的技术支持，使艺术染整工艺的稳定性和表现力不断提高，使之成为既能根据不同面料的个性特点创造性地开发新的物理防染技艺，又能积极关注和应用节水节能、绿色环保的新型染整助剂，并且通过综合物理性防染与化学防染不同的工艺特点，优势互补，催生出各种抽象图案的全新创意，创造出丰富多变的面料视觉新外观。图1-36为品牌陈安琪（Angel Chen）运用数码渐染技术获得独特的光感效果，数字化的面料质感，相互渗透的色彩，形成了朦胧模糊、层次丰富、聚焦渐变的独特视觉外观。这些特殊的艺术效果既是传统扎染工艺的延伸，又是现代印染科技和数码艺术的体现。因此，注意新科技的发掘和利用，并积极进行多种工艺手法的组合尝试，通过艺术染整工艺可以创造出"万花筒"般丰富多变的视觉肌理效果。

汲取传统民艺精粹与中国绘画的写意精神，以扬弃、颠覆传统手工印染技艺稳定性、程式化的态度，适应现代生活方式的变化，通过夸张甚至非理性的即兴式创意，在天马行空的迁想妙得中，获得视觉差别化图形的无限创意，正是艺术染整工艺创新的魅力所在。现代扎染置身于过度视觉化、数字化、全球化的商业环境中，始终自由地行走在传统文化与现代时尚之间，总能以自己个性的、陌生化的和充满未来感的差别化图形，吸引众多设计师和广大消费者的关注，并且让人们充满期待。

六、艺术染整的风格

对一切视觉元素进行创意整合，对各种艺术形式、流行思潮、社会观念等文化现象进行视觉诠释，就艺术染整而言，不仅在技术表现方面具有无限的丰富性，同时在图形风格的审美取

图1-36　现代扎染聚焦渐变的视觉创新

向上更具多样性。因此，学习艺术染整工艺时，以较为宏观的视角系统整体地概括、把握其独特的审美特质就显得比较重要。一般情况下，我们从染艺形态、扎花工艺、历史流变、艺术风格、区域文化等不同维度，对艺术染整工艺进行梳理、概括和划分。

因为艺术染整的图形创造建立在现代扎染工艺的基础上，所以本章拟从与染艺形态对应的艺术风格的视角进行分类，并尝试对艺术染整最具代表性的审美风格进行概要阐述。

（一）精致主义的写实风格

写实主义风格是指准确、忠实地描写当下生活的社会环境。对写实主义风格的记录最早在19世纪初的哲学领域出现，并在19世纪中叶被引入美术学领域。写实主义有两重含义：一是指艺术的创作方法，二是指艺术的写实手法。

写实主义风格的艺术染整作品，在艺术创作方法上充分运用一目、横引、四卷等传统经典扎法，并以精致的点缬美、积点成线、排列成面的图案构成方式，形成了极具手工感的东方线条表现范式和独特的纹样造型。写实风格要准确地描述对象的具体形态，因此在花型设计、工艺设计、点粒扎花、染色工艺等环节，专业性强、要求较高，通常适合表现和制作高档艺术面料、和服腰带、高级时装和艺术壁挂等。图1-37所示的日本和服腰带和图1-38所示的高档真丝被面，巧妙地运用鱼子缬、鹿胎绞、点彩色等经典扎粒工艺和特殊染色技法，将花草、水纹图案表现得栩栩如生，远看似工笔线描流畅自然，近观则有着更为精致的手工感和耐人寻味的技艺内涵，并以"大同小异、件件不同"的个性化艺术特色，媲美中国工笔画缜密写实之风，

图1-37　日本经典扎染和服　　　　　　　　　　　图1-38　高档真丝绞缬被面

在弘扬东方传统文化精神的同时，散发出迷人的古典艺术魅力。

（二）抽象形式的写意风格

写意相对于工笔而言，是中国画中的一种画法，这种艺术形式强调事物内在的精神实质，不拘泥于客观物象的外观逼真性，具有简练洒脱、轻松自由之感。东方的写意风格同20世纪60年代流行于西方的抽象派绘画精神有异曲同工之妙，讲究即兴创作的意象传达。写意风格的艺术作品不拘泥于一定之规，充满着神秘和随机变化的诱惑。

艺术染整写意风格的产品具有两个重要特点：一是追求创作过程中酣畅淋漓的即兴之美；二是表达形式构成中不拘成法的自由之美。如设计师运用网袋、塑膜、夹板等不同的扎花辅助工具，以无绳聚集、拧抓聚集、四方连续叠层等物理性防染方法，通过改变面料、成衣聚集的松紧、面积、形状、大小、高低等物理形态，以绘画写意的泼彩点染方法，灵活变化、即兴发挥，创造出异彩纷呈的抽象图形和变幻莫测的全新扎染艺术形象。与传统手工印染或工业印染相比，其染艺变化有如东方涂鸦，率性而为、无迹可寻，似乎达到新、奇、特、美的境界，也是设计师诠释时代个性、适应现代生活方式变化、进行视觉创新探索精神的物化表现。

这种艺术染整抽象写意风格的"有意味的形式"，以其随意灵动的现代抽象图案、彩墨渗化的肌理效果、纵情挥洒的视觉愉悦，初具西方现代艺术的形式美感和中国绘画大写意的风格气象。图1-39、图1-40所示的作品中自由率性、变幻多端的抽象图形，塑造出服装独特的审美情趣，神似中国画写意风格的艺术效果，从而与工业印染类纺织产品拉开了视觉审美的距离。

（三）朦胧渐变的优美风格

优美，是一个表述事物的形容词，其核心内容是指审美主体在观赏具有审美价值的客观对象时，主客体之间所呈现出来的和谐统一的美。在形式表现上，其具有小巧和谐、精致轻盈、绚丽清新、秀丽优雅的品格。

具有优美风格的艺术染整作品，泛指在色彩表现上具有层次丰富、朦胧渐变的艺术效果，

图1-39　品牌蓓希珂、斯特拉·麦卡特尼抽象写意扎染之　　图1-40　品牌普拉达抽象写意扎染之时装应用
时装应用

尤以吊染工艺呈现出清新优雅的渐变色晕为代表，图1-41品牌纪梵希（Givenchy）、艾莉·萨博（Elie Saab）渐变柔和优美的吊染时装。吊染高级时装使今天的时装设计融入了花仙子般的灵气和人类深沉的情感，特别是由浅至深或由深至浅的柔和渐变，营造和谐的视觉愉悦感，如春风拂面、温婉可人。吊染工艺传达出的这种简洁、优雅、淡然的审美意趣，确实让我们能在喧嚣忙碌的现代生活节奏中，静静地体味到一缕明清传统浅绛山水的墨韵余香。图1-42所示为品牌盖娅传说以水墨渐变为基韵的吊染时装。

近年来，随着迪奥（Dior）、纪梵希（Givenchy）等国际奢侈品品牌和时装设计大师在高级时装中的广泛推广，吊染这一朦胧渐变的特殊防染技法，已经成为现代时装、艺术家纺设计中常用常新的工艺。在纺织服装产品同质化竞争的今天，无论是礼服、休闲装，还是其他各类服装，柔和渐变的吊染色韵所特有的优雅与含蓄之美，总是最能打动消费者的。

（四）随意浪漫的乡村风格

乡村风格原先多指家居风格，是美国人崇尚自由、喜爱自然的个性和精神追求的集中表现。乡村风格的特征在于其简单的造型和明快的色调，传达出原始、自然、简朴的随意美。今天，回归自然、本色生活，正是人们向往田园牧歌生活方式的心境表现。艺术染整作品在手工扎染过程中，传达出的手工、原始、自然的温情美，与当今主流价值观是比较契合的。在图形创造方面，艺术染整轻松、明亮的色块效果，随意浪漫的乡村味道，当以段染工艺为代表。从2004年开始，普达拉（Prada）连续三年推出了段染高级女装系列，首开高级时装引领乡村风格之先河，形成了段染工艺的全球化流行。

（a）纪梵希　　　　　　　　　　　　　　　　　　（b）艾莉·萨博

图1-41　品牌纪梵希、艾莉·萨博渐变柔和优美的吊染时装

图1-42　品牌盖娅传说以水墨渐变为基韵的吊染时装

　　段染单色或多色的自由组合有着段纹边缘的残缺美（段纹残缺美与蜡染冰裂纹的美学意义相近，它们都以浑然天成的自然纹理为审美特征），洋溢着原始本色、手工随意的浪漫乡村风情。图1-43所示品牌慕丝姬娜（MSGM）、兰钟仕10号系列（10 Crosby Derek Lam）、超时尚（Ultrachic）手工风情与浪漫气息并重的现代段染时装。

（a）慕丝姬娜　　　　　　　　（b）兰钟仕10号系列　　　　　　　（c）超时尚

图1-43　洋溢着浪漫乡村风情的段染时装

（五）活力四射的时尚风格

现代扎染的时尚风格表现泛指艺术风格"去民俗化"，更重要的是在图形创意设计时，能根据时尚流行趋势借鉴流行元素，注入东西方的绘画语言，运用现代染整技术进行工艺创新。如注染、泼彩、拔染等特种工艺的应用，赋予产品时尚、现代的艺术染整新外观。图1-44所示为品牌德赖斯·范·诺顿（Dries Van Noten）、奥斯曼（Osman）去"民俗化"意味的现代注染时装。

活力四射的时尚风格，以注染工艺为代表。在艺术染整工艺表现方面，其随类赋彩、彩墨交融、层次丰富，具有较强的绘画性。操作中，既可取黄宾虹山水浑厚华滋的积墨意味，也能作刘海粟黄山泼彩点染，是一种图案形式自由、节奏感强烈，能准确反映时尚、休闲、运动的主流风格。注染，作为艺术染整时尚风格的代表性工艺，赋予了织物和服装全新视觉的万千气象，有如国画大师张大千之笔底波澜、元气淋漓、生机勃勃，极具艺术魅力。

作为艺术染整工艺最接近绘画艺术的注染工艺，在图形创造、色彩搭配和构图形式方面，给予设计师纵情挥洒的自由空间，并以其成熟的技术和柔性化生产优势，既突出了个性化和时代感的时尚创意，又适应了工业化批量生产的快速反应，并且赋予了艺术面料、工艺时装和现代家纺产品较高的附加值，如图1-45所示为品牌玛丝曼尼（MSGM）、卡帕（Kappa）、拉夫劳伦（Ralph Lauren）。

（a）德赖斯·范·诺顿　　　　　　　　　　　　　　　　（b）奥斯曼

图1-44　现代注染的"去民俗化"意味时装

（a）玛丝曼尼　　　　　　　　　（b）卡帕　　　　　　　　　　（c）拉夫劳伦

图1-45　现代注染活力四射时尚风格

（六）街头艺术的后现代风格

　　"后现代"是20世纪30年代初提出的一个新名词，发展到20世纪60年代中期逐渐成为一种文化现象，在20世纪70年代初随着西方社会逐渐进入后现代社会开始流行。从本质上看，它是在社会经济高速发展、人类物质生活极度丰富、精神价值失落和充满生存焦虑的社会环境下，产生并流行的一种文化现象。后现代主义具有挑战、反叛传统审美形式，强调艺术形式多元化、个性化和解构主义盛行的特点，表现为崇尚非理性的意识形态，反对创造性、经验性、绝对性和逻辑性，也追求形式上的游戏性、通俗性、破坏性和颠覆性。

作为技术与艺术互渗共生的艺术染整，其人文染整属性同样受后现代、后现代主义思潮的影响。西方即兴涂鸦式的现代美感，亦被现代扎染奉为圭臬。由此，艺术染整在扬弃传统程式化经典图形的同时，大胆尝试东方涂鸦式的形式美和速度感，并以全新的视觉肌理和抽象色彩构成跨界创意，整合艺术、技术语言（如个性手绘、数字印花、绣花、钉珠、烂花、三维压褶、激光雕花等），并在图形元素采撷、图案构成形式和工艺技术整合方面，有法无法、混搭百变。经过后整理的纺织服装产品，呈现出后现代的街头风格和任性随意的艺术效果（图1-46）。

图1-46　品牌R13现代扎染的街头风格和任性随意的艺术效果

图1-47为品牌妃颐思（Faith）、马克华菲（Mark Fairwhale）、金·水（Kim Shui）个性夸张怪诞的后现代印染作品，整合应用多种工艺技术，将时尚街头最前沿的流行色彩、图案形态、文化理念、生活趣味等符号元素，与现代扎染工艺融为一体，使服装外观极具时代感和未来感，充满着街头、前卫、夸张、怪诞和个性化的后现代意趣。这种具有后现代风格的综合后整理工艺，也是时下青年新锐设计师进行全新视觉创意和产品创新，创造自己独特设计风格的重要语言。

（a）妃颐思　　　　　　　　　　　（b）马克华菲　　　　　　　　　　　（c）金·水

图1-47　个性夸张、怪诞的印染作品

思考题

传统扎染、现代扎染、艺术染整概念原理及其相互之间的关系是怎样的？

练习题

结合思考题，不限地域与工艺，收集你认为具有典型风格和特色的现代艺术染整作品，并分析其工艺手法及艺术风格特征。

艺术染整工艺设计原则与灵感来源

课程名称： 艺术染整工艺设计原则与灵感来源

课程内容： 艺术染整工艺设计原则

　　　　　　艺术染整工艺设计灵感来源

理论课时： 4课时

实践课时： 0课时

教学目的： 让学生了解艺术染整工艺设计遵循的一般规律

教学方式： 通过教师的讲解，以及多媒体的图片配合，加深学生对艺术染整设计的理解，并展开创意设计

教学要求： 1. 了解艺术染整工艺设计遵循的设计原则

　　　　　　2. 了解设计的一般规律

　　　　　　3. 能够通过对灵感来源的归纳总结丰富艺术染整工艺设计构思

课前准备： 收集服装设计的资料，了解借鉴其他艺术种类的设计方法

第二章　艺术染整工艺设计原则与灵感来源

艺术染整在设计创新、生产制作、流程管理等方面，具有流程长、环节多和集成度高的特点。具体到设计开发环节；在遵循设计美基本原则的同时，还需要遵循经济适用性、风格时尚性、市场引领性、技艺匹配性原则。

第一节　艺术染整工艺设计原则

一、形式美基本原则

美是经过整理，在有统一感、有秩序的情况下产生的。形式美是被大众公认的一种美的法则，在艺术设计领域应用广泛，也是艺术染整工艺设计时应该遵循的原则。设计中，纹样的构成布局、色彩的组合搭配、肌理的对比与调和，以及恰当把握好造型要素之间的大小、多少、明暗、疏密、轻重等关系，是设计一件优秀艺术染整作品的首要前提。

（一）对比与调和

对比，是指设计中各形式要素之间的差异在整个画面中形成的关系；调和，是指具有差异性的各形式要素之间通过一定的方式，达到一种协调、和谐的关系。对比与调和是相对而言的，没有调和就没有对比，它们是一对不可分割的矛盾统一体，也是让设计效果获得丰富层次的一种重要手段。艺术染整作品的对比调和美特别要注意色彩的搭配和肌理的组合。

色彩的对比主要因色相、明度、纯度和冷暖等要素而产生。把握好色彩相互之间的对比关系，再通过色彩的形态、空间大小及位置上的不同，对各对立要素进行调和，可以获得统一的效果。在艺术染整的色彩设计时，既可以采取强对比，也可以运用弱对比，从而产生丰富多样的视觉效果。如图2-1所示，品牌之禾（ICICLE）上衣的配色，充分利用了同类色的弱对比搭配，产生柔美、和谐的艺术效果。如图2-2所示，受年轻人喜爱的美国品牌R13 T恤，强调极度夸张的色彩对比效果，设计师巧妙地运用了同一个饱和度、留白处理，以及色块大小的呼应、调和，使服装在具有强烈视觉冲击力的同时，达到一种协调的美。

具有工艺集成与视觉创新的艺术染整工艺语言，为设计作品提供了丰富的肌理表情，或平面或立体，或抽象或具象；或由面料自身肌理带来，或由工艺行为所创。设计中，需要灵活把握，巧妙运用不同的肌理对比来突出作品的艺术感染力。图2-3所示为三宅一生（Issey Miyake）2018年春夏时装，上衣在白色面料上运用三维浮雕造型与转移印花工艺，形成立体肌理效果，图案肌理随着穿着受力的不同，呈现出大小疏密渐变层次的艺术形态，与下身裙装形成很好的对比效果。黑白的色彩，简约的廓型，给人以现代、时尚、大气的艺术效果。

图2-1　品牌之禾毛衣　　　　图2-2　品牌R13 T恤　　　　图2-3　品牌三宅一生时装

（二）条理与反复

条理是指复杂纷纭的自然物象的构成因素，经过概括、归纳、去除自然形态中庞杂无序的部分，使形象具有规律化、秩序化，呈现出一种主次有序、有条不紊的整齐美。反复是指同一形象因素的重复或有规律的连续排列，从而产生富于统一感的节奏美，是一种强调对象的手段。形象在不断重复中产生了连续，这种连续又是产生节奏感和韵律感的基础。条理与反复的原则是图形构成整体秩序美的基础，是变化中的统一，两者有着密不可分的联系。艺术染整视觉艺术的条理与反复美主要体现在纹样的布局构成上，传统绞缬工艺造型中，巧妙运用点的反复与规则排列构成的方式，塑造出具有写实精致之美的艺术效果；传统蓝印和夹缬纹样的构成中，元素的排列及骨架的构成中无不存在着条理与反复之美。图2-4所示为品牌生活在左的长衫，选择大小不同散点构成形式的传统经典纹样造型，以现代拼接的艺术手段，反复有条理地将图案元素排列，获得

图2-4　品牌生活在左

图2-5　品牌迪奥

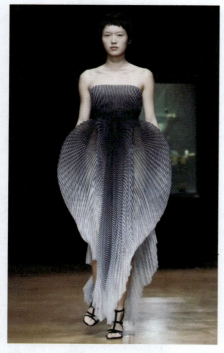

图2-6　品牌伊里斯·凡·赫本

了一种有条不紊的整齐美。

（三）节奏与韵律

节奏是通过有序、有节、有度的变化形成一种有条理的美，是以点、线、面规则和不规则的疏密变化、聚散关系，创造出的不同形态的组合方式，即重复、渐变、律动，以及自由的节奏。韵律是形态按某种秩序排列，形成连续起伏而婉转的视觉动感，通过节奏的变化产生形式美感，是节奏在规律的运动变化中所呈现出的特征。节奏与韵律往往互相依存、互为因果。

在艺术染整的造型语言中，节奏与韵律是一种讨巧和常用的手段，如色彩的深浅渐变、纹样的反复排列，或者由大到小的规律变化等，都是一种获得美的艺术效果的重要手段。图2-5所示为20世纪40—50年代经典迪奥礼服，运用了规律放射形状的褶裥造型语言，与服装整体廓型高度契合，富有节奏韵律之美。图2-6所示为伊里斯·凡·赫本（Iris Van Herpen）2017年秋冬作品，将规则细密的褶裥与深浅逐层渐变的色彩有机融合在一起，使服装呈现出强烈的节奏感和韵律感。节奏与韵律变化的例子在艺术染整工艺设计与应用中有很多，我们在学习和实践时要注意体会。

（四）比例与视错

世界上任何一件统一的事物，都是由一个或几个部分组合配置而成的。我们把整体与部分、部分与部分之间的数量关系，即均匀性、对比性的表现称为比例。我国自古就有"增之一分则太长、减之一分则太短"的美谈，说明良好的比例是艺术美的基本法则。艺术设计领域中，常用比例主要表现为黄金比例、费波纳奇数比例、日本比例、无规则比例等。

视错是指图形在受到客观因素的干扰或在人的心理因素支配下，使观察者产生与客观事实不符的错觉。光的折射和反射原理，或是人与物体的视角、方向、距离的不同，以及个体之间感受能力的差异等，都比较容易造成人们视觉判断的错误。视错可以分为尺度视错、形状视错、色彩视错等。

在艺术染整工艺设计时，应把握好比例和错视的形式要素，把握好面积、大小、长度之间存在的比例关系，巧妙利用形状和色彩心理形成的视错，结合人体结构的特点加以展开。图2-7所示为香奈尔（Chanel）套装；香奈尔塑造了无数的经典与优雅，无论是上下装的长度比例、衣长与袖长的关系，还是衣肥与袖肥的关系，都严格遵从黄金分割比例美的法则。该黑色套装中运用蓝紫色块的设计，在用色的面积上仍然遵循着比例之美，更添女性优雅风姿。图2-8所示为美国时尚品牌普罗恩萨·施罗（Proenza Schouler）时装，充分利用图案形状带来的错视感和黄金分割的比例，使服装给人一种整体向上和高挑的美感。

图2-7　品牌香奈儿　　　　图2-8　品牌普罗恩萨·施罗

（五）对称与均衡

对称是以中心轴或中心点为依据，在中心轴或中心点的上下左右配置相同等量的形象和色彩。在现实世界里，到处都可以发现对称规律的事物。对称具有完整、稳定、清晰、安静等视觉特征，体现了完美的、理想化的审美风格。

均衡是异形同量的组合配置规律，其通过对不同形象的精心调配，给人视觉心理上的平衡感受。均衡在设计中灵活自由，形象富有动感，但在变化的动态中依然要保持形象中心的稳定。

艺术设计中的对称与均衡美是指设计元素在视觉感受上的重量、体量达到一种平衡的关系，是图案构成中常用的形式规律。在艺术染整工艺设计时，同样需要遵循这个规律，要注意绝对的对称平衡容易产生呆板感，而不平衡容易产生颠倒错乱的视觉等。如图2-9所示为美国高人气潮牌奥夫·怀特（Off-White）毛衣，黑白两色产生了强烈的视觉对比，但是色彩面积

图2-9　品牌奥夫·怀特

和位置的巧妙处理，在视觉上达到了一种均衡美的关系。

艺术染整工艺主要应用于服装、服饰品、家纺产品的开发设计中。这些产品设计属于实用美术设计的范畴，与其他艺术表现有所不同的是，如绘画、雕塑、音乐、舞蹈等艺术形式，可以完全是艺术家对客观存在事物的反映和再现。而艺术染整设计虽同属于创造性活动，其间也投入了设计师的个人情感和创意，但是因受到服务对象功能与形式、创意与实现、设计与使用、产品定位与市场细分等方面的限制，所以必须遵循设计的一般规律，即经济适用性、风格时尚性、市场引领性、工艺匹配性四大方面的规律。

二、经济适用性原则

艺术染整工艺属于实用艺术的范畴，经济适用性原则是产品设计的重中之重。一般情况下，艺术染整设计的适应功能主要体现在以下两个方面。

（一）把握产品定位，选择合适工艺

艺术染整的工艺技法很多，每种工艺所产生的视觉外观风格和特点也各不相同，设计时，应该根据产品的风格定位、价格定位等特点，选择合适的艺术染整工艺。如扎染的点粒造型，可以塑造具象、精致的艺术效果，但是人工扎染成本和生产次品率高，比较适合高档价位的时尚产品，对于低档价位的产品，想要获得这种风格，需要进行工艺优化设计，可以考虑印花的形式，或是印花加局部人工的设计方式。

（二）优化工艺设置，控制生产成本

工艺操作的复杂性决定了生产制作的成本。艺术染整的核心技术主要包括物理性防染扎花和工业印染两个部分。由于扎花工艺以手工为主，生产效率相对较低，因此价格较高。受生产成本限制，艺术染整工艺应用于纺织服装产品开发中宜选择单一的染色工艺，如分别运用吊染、段染、注染等特种染艺进行成衣染色的深加工。对于有综合视觉效果要求的设计，可考虑染整单一工艺与涂料印花工艺的结合，采取中浅色染色与环保节水性深色涂料印花、喷色的结合，以最经济的工艺组合、最小的工艺成本来创新视觉图形。

由于艺术染整具有人机互动和工艺集成化的优势，一些深受市场欢迎的特种染色工艺（如注染、喷染等），可使用通用性设备进行开发和生产。纺织印染工厂现有的工艺设备，如高压蒸锅、空压式喷枪等，都能够满足打样和生产的要求，并不需要投入大量资金进行设备改造。所以，设计师深谙工艺原理、熟悉关键技术、合理配置设备、科学设定流程，就能够在有效控制生产成本的前提下，以最优的工艺配置达到最佳的设计效果。再考虑到环境污染（废水处理）带来的成本，设计中做到能浅不深、能减不加，从设计源头做好工艺优化，也是成本控制需要考虑的因素。

三、风格时尚性原则

尽管艺术染整工艺以风格化、差别化的视觉外观创造为特质，但要使目标消费者认同并且获得稳定的市场份额，在当今经济全球化的背景下，一定要高度关注国际纺织服装流行趋势的影响。我们在运用艺术染整工艺语言进行产品开发设计时，应在把握流行趋势和产品恰当定位的基础上，融入流行色、流行材质、流行图案等时尚文化元素，有针对性地筛选出能够与艺术染整工艺互补的流行要素。整合到产品设计开发中，使艺术染整成为既能打造独特审美视觉和自身品牌风格，又能符合时尚流行趋势和目标消费受众的全新设计语言。

四、市场引领性原则

进入数字化时代，新零售、线上线下全渠道已然成为常态，时尚产业的发展已经呈现出明显的"买方市场"与"粉丝经济"特征。以人为本，以满足消费者的心理需求为目标，为用户创造价值，是艺术染整时尚产品开发的关键。设计之初，要聚焦目标市场，针对不同消费者的年龄层次、兴趣爱好、工作性质、性格特点做好企划。不同的消费群体，他们的生活方式有所不同，有人追赶潮流，有人却保守矜持；有人在意品质档次，有人希望物美价廉。及时、准确、有效地进行市场细分，针对不同消费群体，选择不同的产品线进行恰当的定位，运用适配的艺术染整工艺，进行差别化、多元化、个性化和艺术化的视觉创意，才能生产出满足不同消费层次、不同设计风格的新产品。

五、工艺匹配性原则

以集成创新为特色的"艺术染整新工艺"在技法上具有极大的丰富性，赋予产品独特的艺术效果。半手工半机械或纯手工的操作特点，充满着很多的偶然性因素和不确定性，优化设置的工艺流程、技术要领，对最终批量化生产的稳定性起着决定性作用。艺术染整工艺设计必须充分考虑技术的可行性、工艺的稳定性，以及生产成本控制等因素，才能适应现代服装时尚产业快速反应、柔性生产、个性化消费的市场需求。

（一）充分考虑材料对艺术效果的影响，选择与之匹配的工艺

服装材料的成分、质地、厚薄等是在工艺设计时首先要考虑的，不同成分需要不同的染化配方和工艺实现方式。如涤纶织物只能用分散染料上色，正常情况下，此类面料获得艺术染整视觉图案，只能借助于数码转移印花技术；针织面料与梭织面料相比，在面料的拉伸性上具有完全不同的特点。此外，还有不同纱线粗细、织物密度等方面的影响，均对艺术染整的工艺设计提出了不同的要求。以扎染捆扎工艺操作为例，纱线较细的织物，造型较方便、受限小，可

选择具象或抽象的、小面积或大面积的图案设计，艺术效果自由、随意、细腻；纱线较粗的织物，受到面料厚度的影响，精细的捆扎较难实现，适合以大面积较为抽象的图形设计，来表现粗犷的艺术效果。

（二）充分考虑工艺技术的可行性，选择相对合适的工艺

艺术染整工艺依赖人工操作的比较多，一些随意、个性、抽象的写意图形与现代构成的完美表现往往取决于操作者的艺术素养和手上功夫。在工艺设定时必须充分考虑到量化生产的可操作性、工艺重演性等一系列问题，切忌过度追求形式变化，造成工艺过于复杂、不经济和人工操作难以控制的后果。艺术染整的工艺设定必须适应量产化与绿色生产的原则，它不是设计师的个人即兴创作，而是能够批量生产并符合预期标准的一种工艺应用。

第二节　艺术染整工艺设计灵感来源

艺术染整工艺设计的构思与其他设计一样，同样离不开灵感的启示。灵感是指由于人们在长期专注于某一事物的过程中产生的突发性思维。尽管灵感的出现经常带有突发性和偶然性，似乎很难把握，但是灵感的来源还是带有一定的方向性和范围的。当我们通过对所要研究和创造的对象进行分析、综合、提炼、概括和取舍，并且弄清了方向和范围，客观存在的任何事物和现象都有可能成为艺术染整的图形创意与色彩构成的灵感之源。概括起来，艺术染整设计构思的灵感来源主要表现在以下五个方面。

一、师法自然

自然界是设计创意取之不尽、用之不竭的素材宝库，也是我们发散性思维灵光乍现的源泉。从茫茫林海的片片树叶纹理，到蔚蓝天空奇妙变幻的云朵；从夏日炎炎电闪雷鸣，到秋高气爽层林尽染，大自然中的绚烂色彩、奇幻造型和天籁之声，给了我们无限的审美愉悦和创造美的灵感激情。生活中，当我们细心俯察身边的一草一木，流连忘返于大千世界的湖光山色时，总有无数令人心动的事物激发艺术创意的灵感。如图 2-10 所示，以自然花卉为灵感的迪奥（Dior）

图 2-10　品牌迪奥

2019春夏时装，通过手工染色获得艺术肌理，再以反复叠加的手法，塑造出全新的花卉形态，犹如万花筒般神奇的艺术效果。

二、姊妹艺术

　　人类艺术发展史表明，不同的艺术门类彼此之间是在相互联系、相互影响、互渗共生的过程中发展的。20世纪以来，各种艺术思潮的出现深刻地影响着当代艺术设计的发展走向。现代扎染艺术设计，无论从表现题材还是从表现手法，都能从各种姊妹艺术中汲取养分，得到借鉴和启发。凡·高油画名作《向日葵》那金色灿烂的色彩律动，贝多芬《命运交响曲》的时空节奏，都给艺术染整工艺在色彩、线条、造型和意境创造带来了丰富的灵感。

　　艺术染整丰富的工艺表现和个性化的艺术特质正是成功借鉴其他姊妹艺术的结果。例如，从绞缬喷染汽蒸定形工艺、绞缬聚集转移印花工艺创造的面料三维肌理中，我们可以看到建筑浮雕艺术的影子；在浸染工艺面料的后整理中，我们能够感悟到中国画大写意的酣畅淋漓；在传统扎粒浸染鱼子缬的生动形象里，也会领略到中国写实工笔画传神写照的精彩。因此，在艺术染整工艺设计中，只要我们善于观察、学习和借鉴各种姊妹艺术语言，便可以拥有取之不尽、用之不竭的创意与灵感。如图2-11所示为获得2019新锐金奖设计师奖的李双东海的作品《未完成》，灵感源于西方古典绘画，用白色改性涤纶面料制作成衣，通过聚集液压与转移印花一次定型成像工艺，将平面与立体、古典与现代融于一体。

图2-11 《未完成》（李双东海）

三、民族文化

　　自农耕文明和手工时代一路走来的传统扎染艺术，洋溢着原始手工的脉脉温情与草木靛蓝的天然气质。其工艺手法、设计语言和图形风格，都传达出东方民族自然朴实的情感和简约清纯的意境。数千年的中华传统文明，既是艺术染整工艺发展的源头，也是工艺创新和图形创意汲取灵感的母体。同时，不同民族文化的差异性和丰富性，也为艺术设计和艺术染整创新带来了无限创意的广阔空间。

　　被尊为"时装王子"的法国高级时装设计大师伊夫·圣·罗兰（Yves Saint Laurent）曾经坦言，他在探索新式样时，总是将立足点放在传统服装上，并谦称自己是一位老式服装风格的改革者。其实，设计大师正是用自己成功的设计实践告诉我们，深厚的民族历史文化、丰富的异域民族风情，才是设计师汲取设计灵感，使艺术创造力永不枯竭的生命之泉。

民族文化因其地域性和人们生活习性的不同，呈现出丰富多样的审美特点和别样的情趣。从造型艺术和实用工艺美术的视觉方面看，往往突出表现为图案形态、构图方式、色彩搭配、廓型风格的无限性和丰富性，并且成为优秀设计师采撷、学习、汲取后进行综合创新，形成自己艺术风格的源头活水。如中国传统手工印染清新淡雅的蓝白色调、印度传统莎丽饱和浓烈的色彩、中国传统太极图运动的黑白范式、华夏文明天圆地方的对称式构图、西方经典艺术的黄金分割等，都是启迪艺术染整设计创新和时尚创意的灵感来源。如图2-12所示，弄影（Neoen）2016春夏时装设计灵感源于中国传统绘画墨分五色的写意妙构，营造出宁静致远、淡雅优美的艺术效果。

四、科技发展

服装是社会发展的一面镜子。进入21世纪，现代科技的发展日新月异，各种新材料、新技术和新发明创造，悄然无声却又深刻地影响、改变着我们的生活方式。一些重大的科学研究成果和发明创造，往往预示着一个新的时代的到来，从而左右着人们的思维方式和生活方式。数智化技术广泛应用、元宇宙概念横空出世，就是典型的例子。与此同时，科技发展、技术进步和人工智能也给艺术设计带来了全新的灵感来源和更为广阔的创作空间。

"神舟六号"的成功发射引起了以银色太空为时尚主题的流行；夜光纤维高科技面料的出现拓宽了设计师对服装材料的选择；新型面料、现代染料及染整机械的发明创造，改变了传统手工印染单一的材料和蓝白色调；民间扎染与时尚创意、染整科技和数字技术的集合，催生了面料视觉差别化创新和艺术染整产业发展。一部近现代纺织服装产业的发展历史，从本质上讲，就是科学与艺术联姻、技术影响时尚的历史。现代科技的发展，不仅有力地推动着时代的进步，更在深刻地影响着设计的内容和形式，改变着人们的生活方式。可以说，艺术染整集成创新本身，正是科技与艺术牵手的结果。如图2-13所示是受科技发展和亮丽炫目的荧光色流行趋势影响的，路易·威登（Louis Vuitton）2021秋冬开发出的时尚新品。

图2-12　品牌弄影　　　　图2-13　品牌路易·威登

五、即兴创意

世界每天都在变，唯一不变的就是变化。在艺术染整设计中，主动拥抱变化并保持敏感的即兴状态，密切关注与设计相关的资讯，留意身边的人和事，善于运用发散性思维、联想性思维，精彩的创意往往就在迁想妙得中。

对产品设计和工艺操作过程中出现的偶发性灵感，不要轻易放过，始终保持一种"想象"的兴致。有时操作中出现的"失败"工艺和样品，对充满创新意识的设计师来说，却有可能是一次难得的、引发全新创意的机会。即兴创意有时需打破思维的合理性，采取逆向思维和发散思维，大胆"试错"、动脑研究、动手实验，在大量合理的实验与不合理的试错过程中捕捉灵感、寻找突破，从而发现看似"失败"却可能是独具创意的工艺创新机会。

以艺术染整拔染工艺巧用保险粉为例，通常情况下，保险粉清洗染缸，可以防止因染缸染料残液清洗不净而造成成衣染色的串色。在打样或生产中，有时会因保缸冲洗不干净而存留少量保险粉残液，造成染色的色花现象。将保险粉这种剥色作用和剥色的不均匀性应用到深色成衣水洗工艺设计中，能够产生成衣染色独特的类似磨毛的视觉效应，创造出聚集浸染超低浓度保险粉水洗新工艺、成衣染色超低浓度保险粉水洗新工艺。因此，在工艺设计的实践中，只要我们注意观察、勤于思考，善于抓住一闪而过的灵感，用心感悟身边发生的每件事情，就不会让即兴创意的灵感从我们身边悄悄溜走。

思考题

1.在探讨艺术染整的工艺设计原则时，需考虑如何将这些原则有效地应用于实际的创作过程中。请结合具体案例，分析并阐述如何平衡艺术染整工艺的审美与实用性需求。

2.现代设计师应如何从不同领域和元素中汲取灵感，并将其转化为富有创意的艺术染整作品？请结合具体案例加以阐述。

练习题

小组合作对艺术染整作品的灵感来源进行深入调研，并选择其中一种灵感来源，结合具体案例进行详细探讨和分析。

要求：3~4人为一组，以PPT形式进行2~3分钟的汇报。

艺术染整工艺本体

课程名称：艺术染整工艺本体

课程内容：艺术染整工具、设备与材料
艺术染整防染基本原理与方法
艺术染整工艺集成与染色技术
三维肌理记忆成型技术
综合工艺的创新与发展

理论课时：10课时

实践课时：26课时

教学目的：让学生理解艺术染整工艺原理及工艺集成化技术特色，掌握艺术染整物理防染的基本手法及常规染整手段

教学方式：多媒体课件讲解，使学生基本掌握艺术染整工艺流程

教学要求：1. 了解艺术染整工具设备与材料

2. 了解艺术染整防染基本原理及一般操作方法

3. 熟悉并了解艺术染整工艺流程及技术要点

4. 熟悉多种工艺叠加改良和综合创造手段，尝试艺术染整工艺的创新发展路径

第三章 艺术染整工艺本体

作为现代工业染整细分学科分支和人文染整特征的艺术染整，脱胎于民间手工印染，并与现代染整技术、数码技术应用和现代设计紧密结合，具有手工物理防染、工业染整、数码技术与时尚创意集成创新的特征。因此，它在工具、设备配置，染料、材料选用和打样、生产工艺流程设计等方面，与一般工业染整既有相同的方面，也有不同的特点，具有人机互动和生产柔性化特色。

本章是本教材的核心内容，具有承上启下的重要作用，分别从艺术染整工具、设备与材料，艺术染整防染基本原理与方法，艺术染整工艺集成与染色技术，三维肌理记忆成型技术和综合工艺的创新与发展五个方面来探讨艺术染整工艺本体的相关问题。

第一节 艺术染整工具、设备与材料

一、传统工具及辅助工具

（一）染色用容器

染色用容器可选用染锅或染缸等，个人创作也可以选择废旧的面盆、不锈钢锅、旧铝锅等，作为面料或成衣染色的容器（图3–1）。

图 3-1 染色用容器

（二）染色用加热器具

根据具体工艺的设置要求，选用电炉、煤气炉、电磁炉等加热器具等，均可作为一般染色用加热器具（图3–2）。

（三）制板及点色用具

制作点色版用的PVC硬膜、硬质圆形毛刷等点色工具，用于一目、横引、四卷制板的各种规格的笔式圆点铳子，手工制板用木槌、硬质橡胶台板及美工刀（图3–3）。

图 3-2　染色用加热器具

（a）制板 PVC 硬膜

（b）硬质橡胶台板

（c）笔式圆点铣子及木锤

（d）硬质圆形毛刷点色工具

图 3-3　制板及点色用具

（四）缝绞扎花防染工具

传统缝绞用不同规格的缝衣针，一目、横引、四卷、突出结等传统扎花固定钩、顶针，用于缝绞、扎粒、缠扎、捆绑、扎花等不同粗细的棉线、丝带和绳子，用于特殊肌理创造的物理性防染夹子、网袋、木棍、弹簧、夹板模具和耐高温防染膜等（图3-4～图3-6）。

（a）扎花固定钩　　　　　　　　（b）顶针　　　　　　　（c）绳绞袋扎定位工具

图 3-4　缝绞扎花防染工具1

（a）桶染及大帽子木棍填充物

（b）叠层染色用夹板木条辅助工具

（c）吊染夹架辅助用具

（d）耐高温防染膜

图3-5　缝绞扎花防染工具2

（a）浸染网袋

（b）粗细不一捆绑扎缝用线

（c）布条

图3-6　缝绞扎花防染工具3

（五）喷染工具

喷染工具包括空压式喷枪、防沾污不锈钢网托、高温固色用不锈钢托盘等（图3-7）。运用空压式喷枪进行喷染，可以灵活地控制色调关系和上色位，并且不受套色限制。在面料、成衣平铺或聚积、折叠等不同状态下，可以做出多种特殊视觉效果。

（六）注染工具

注染用喷淋壶，可乐瓶改制的多孔注染瓶、汤匙、枪具，不同规格的油漆排刷及油画笔等（图3-8）。

（a）空压式喷枪　　　　　　　（b）空气压缩机　　　　　　（c）喷染用不锈钢网架及托盘

图3-7　喷染工具

图3-8　注染用喷淋壶及各种画笔工具

（七）绘染工具

不同规格的羊毛软质底纹笔，不同规格的白云、狼毫毛笔，自制的隔离防染胶笔等（图3-9）。

图3-9　不同种类的绘染工具

（八）拓印模具

根据设计要求，可选用多种基材自制拓印模具，如塑料泡沫、弹力海绵、丝瓜筋等，可以创造特殊的视觉肌理（图3-10）。

图 3-10　自制的各类肌理拓印模具

（九）其他工具

温度计、天平、烧杯、大小容器、恒平仪器、电熨斗等（图3-11）。

（a）天平

（b）大小容器

（c）烧杯

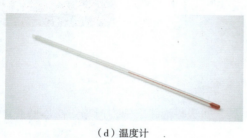

（d）温度计

（e）恒平仪器

图 3-11　其他工具

以上列举的传统工具、现代工具和辅助工具，大多是常规生产时的通用工具。在个人创作时，完全可以根据特定的工艺需要和艺术表现，结合现有的工作条件，进行合理的选择与配置。

艺术染整在进行国产面料再造的视觉创新实践中，遵循因材施艺、节能环保和工艺优化的原则。借鉴传统方法及自主创新的辅助工具很多，本章节就不再一一列举。只要大家勤于思考、勇于实践、善于发现，生活中有很多东西经过改良或直接应用，均能给我们的工艺设计和艺术创造带来新的视觉效果。从某种意义上说，日常生活中的一切物品几乎都可以成为我们个性创意、表现的工具。

二、现代染整设备

（一）浆叶式成衣染色机

浆叶式成衣染色机主要用于"成衣染色图形一体化艺术染整"的浸染工艺，适用于成衣涂料染色，棉衬衫、棉T恤、棉卫衣的成衣活性染色，以及羊毛衫、仿羊绒衫和真丝服装等成衣染色（图3-12）。

（二）滚筒式染色机

滚筒式染色机又称工业洗衣机，主要用于"成衣染色图形一体化艺术染整"的浸染工艺，适用于成衣涂料染色，牛仔洗水套色，棉衬衫、棉T恤的活性染色工艺，牛仔服装、休闲衬衫、艺术T恤炒雪花或酵素洗等视觉后整理工艺。经网袋辅助固定染织物后，该设备还可以用于传统和服扎染腰带、扎染真丝方巾、扎染真丝长巾、段染扎染面料和抽象乱花图形的浸染工艺。

该设备具有较强的通用性，是成衣染色、牛仔洗水和普通洗水的通用性设备（图3-13）。

图3-12　浆叶式成衣染色机

图3-13　滚筒式染色机

（三）平移升降式吊染机

平移升降式吊染机是艺术染整吊染工艺的专用设备，具有悬挂成衣、自动平移和升降功能，能够满足时尚服饰设计晕染丰富柔和的色阶过渡，可以存储打样和生产染浴工艺参数。另外，吊染机的缸体还可以用于面料或成衣的特种浸染，一般对防染有特殊保护要求，需要采用人工精细操作的，多在吊染机染缸中操作。

平移升降式吊染机在生产时使用的机器型号是GM-300，打样时使用的机器型号是GM-50（图3-14）。

（四）固色、定型用焙烘箱

固色、定型用焙烘箱主要用于面料或成衣的悬挂式烘干，注染、喷染固色，棉布树脂整理焙烘及改性涤纶面料或成衣的三维肌理定型等，是一种通用性焙烘、定型的常规后整理设备（图3-15）。

图3-14　平移升降式吊染机

图3-15　固色、定型用焙烘箱

（五）多种纤维干湿两用快速蒸箱

多种纤维干湿两用快速蒸箱是工业染整通用性设备，属于Ⅰ类压力容器，也称高温高压卧式汽蒸锅。主要用于艺术染整面料及成衣的注染、点色等固色工艺，还用于改性涤纶时尚服饰产品和艺术面料三维记忆定形后整理。在艺术染整工艺集成化的生产流程设计中，多种纤维干湿两用快速蒸箱已经成为使用频率较高的特种后整理设备。

该设备规格、型号齐全，可以根据打样和生产需要对不同规格的机型进行合理配置，力求达到打样效率高、满足生产需要与节约能源的最佳效果（图3-16）。

（六）染色打样用汽桶

染色打样用汽桶，可以根据客户打样的品类需求自行设计与制作。放水接入蒸汽加热后，即可用于浸染、段染、拔色等成衣或面料的打样。一般情况下，可根据企业打样和生产的实际情况合理配置直径、深度不同的大小染色打样用汽桶，以满足市场需求（图3-17）。

图 3-16　高温高压卧式汽蒸锅

图 3-17　染色打样用汽桶

（七）滚筒式烘干机

滚筒式烘干机是一种成衣染色、牛仔洗水、普通酶素洗、柔软后整理的通用性烘干设备（图3-18）。

图 3-18　滚筒式烘干机

（八）标准光源箱

标准光源箱又称纺织品对色光源灯箱。采用国际标准对色光源灯箱对色，有助于样品及产品色光标准的确认（图3-19）。

（九）Datacolor自动测配色系统

Datacolor自动测配色系统的分光光度测色仪，主要作用是通过测量物体，测得该物体的光谱反射率或光谱透过率。分光光度仪由光源单色仪积分球、光电检测器等部分组成，具有自动测配色、数字化存储与远程对色等功能（图3-20）。

图 3-19　标准光源箱

（十）Datacolor自动滴定系统

Datacolor自动滴定系统提供了快速、准确和不需维护的性能。采用无管设计，是一款为染液、高浓度染料、液体涂料、黏合剂、溶剂与增稠剂等提供自动分配的系统。它能以非常高速的操作速度，精确并灵活地提供准确并可重复的配方（图3-21）。

图 3-20　Datacolor 自动测配色系统

图3-21 Datacolor自动滴定系统

图3-22 江苏南通扎染企业自主开发的呗绞机

（十一）呗绞机

通过对日本传统呗绞机机型改良后，设计开发的一种半机械的扎花机器。扎花工将印好定位花型面料的定位点喂入呗绞机头，即能自动扎粒，具有人机互动、效率较高的优点。自动扎花后点粒形似菠萝尖头状，经染浴拆线后神似贝壳和菠萝外观形状。根据设计形成的二方连续、四方连续呗绞点粒图案，配以"点色"经典工艺，极具装饰美感（图3-22）。

（十二）其他特种设备

在设备配置上，还包括数码喷墨印花设备、计算机虚拟设计系统、数码激光切割机、电脑绣花机、电热式机械压褶机、液压式转移印花机、步进式辅料记忆成形机等（图3-23）。艺术染整新工艺，可以根据面料、成衣视觉差别化定位与细分市场个性化订单需求，通过创新后整理技术、优化工艺流程与设备集成，形成快速响应市场和柔性化生产的突出优势。

（a）液压式转移印花机　　　　　　（b）电脑绣花机　　　　　　（c）电热式机械压褶机

图3-23 其他特种设备

三、染化料

染化料是艺术染整工艺中经常使用的染料，是指在一定介质中能够使织物纤维或其他物质牢固着色的化合物。在艺术染整工厂染色打样和生产工艺操作时比较常见。与普通工业染整相同，染料可分为直接染料、活性染料、酸性染料、硫化染料、阳离子染料、涂料、分散染料、植物染料等。

（一）直接染料

直接染料可溶于水，能在中性和弱酸或弱碱浴中加热煮沸，不需要媒染剂的帮助即能染色的染料，主要应用于棉、丝绸、皮革等材料。具有染色工艺简单、色谱齐全、染料成本低、耐洗但日晒牢度低等特点（图3-24）。

图3-24 直接染料

（二）活性染料

活性染料又称反应性染料，活性染料分子中含有能与纤维素中的羟基和蛋白质纤维中氨基发生反应的活性基团，染色时与纤维生成共价键，生成"染料—纤维"化合物。活性染料具有颜色鲜艳、匀染性好、染色方法简便、染色牢度高、色谱齐全和成本较低等特点，广泛应用于棉、麻、黏胶、丝绸、羊毛等纤维及其混纺织物的染色和印花（图3-25）。

图3-25 活性染料

（三）酸性染料

酸性染料是指在染料分子中含有酸性基团，又称阴离子染料，能在酸性、弱酸性或中性染液中染色，是真丝织物的主要染料。酸性染料色谱齐全、色泽鲜艳，日晒牢度与湿处理牢度因染料品种不同有较大差异（图3-26）。

图3-26 酸性染料

（四）硫化染料

硫化染料是要以硫化碱溶解的染料，主要用于棉、麻、黏胶等纤维的染色，其制造工艺较简单，成本低廉，能染单色，也可拼色，耐晒牢度较好，耐摩擦牢度较差，色泽不够鲜艳（图3-27）。

图3-27 硫化染料

（五）阳离子染料

阳离子染料又称碱性染料和盐基染料。阳离子染料可溶于水，在水溶液中电离，生成带正电荷的有色离子的染料，是腈纶染色的专用染料，具有强度高、色光鲜艳、耐光牢度好等优点（图 3-28）。

（六）涂料

涂料又称纺织品颜料，其染色过程只是将不溶性的有机颜料用黏合剂黏附在织物表面，因此，不存在对纺织纤维的针对性和直接性问题。它可以附着在各种不同的纤维面料上，其中包括混纺织物面料。涂料色彩鲜艳、色牢度高。而涂料成衣染色是一种仿旧的风格化工艺，面料手感较差，也不耐摩擦（图 3-29）。

图 3-28　阳离子染料　　　　　　　　　　　图 3-29　涂料

（七）分散染料

分散染料是一类分子比较小，结构上不带水溶性基团的染料。它在染色时必须借助分散剂的作用在染液中均匀分散而进行染色。能上染聚酯纤维、醋酯纤维及聚酰胺纤维，是涤纶的专用染料（图 3-30）。

（八）植物染料

植物染料是指利用自然界之花、草、树木、茎、叶、果实、种子、皮、根提取色素作为染料。植物染料无毒无害，不会对人体健康造成任何伤害。植物染料所染织物，色泽自然，具有一定的防虫、抗菌作用（图 3-31）。

（九）生物基染料

生物基染料（也称有机染料）是用天然原料取代以石油为基础的原料，从农业和草药工业的天然废弃物中提取而成，有助于废物再利用，符合循环经济和循环产业的概念，无毒，可以用水无限稀释，其色系较全、色相自然，是一种绿色生态染料，目前处于市场应用推广阶段（图 3-32）。

图 3-30　分散染料

图 3-31　植物染料

四、面料载体

艺术染整主要通过对面料进行视觉差别化后整理，形成面料二维平面图形创意和面料三维记忆再造，达到提高面料时尚指数、艺术价值和附加值的目的。一般情况下，艺术染整以服装、服饰产品、面料及家居用品为主要载体。因此，选择合适的纺织材料和纺织面料，往往成为影响艺术染整工艺差别化视觉效果的关键因素。

图 3-32　生物基染料

纺织面料品种极其丰富、材料及组织结构不断变化。在本章节中，我们主要根据艺术染整创造外观视觉差别化的设计思想，从视觉形式上将其划分为面料二维平面图形创意和面料三维记忆艺术再造两大部分，并且依据两者的不同特性，从纺织材料构成上对艺术染整涉及的主要面料进行概括性分类。

（一）二维平面图形创意类主要面料

1. 天然纤维织物

（1）棉织物：如棉针织类汗布、机织类棉布、斜纹纱、牛仔面料等。棉织物具有吸湿性好、透气性强的优点，针织服装、中高档衬衫大多选用纯棉材料或含有一定氨纶的面料，以提高舒适性（图3-33）。

图 3-33　以平面图形创意为特色的针织艺术 T 恤

（2）麻织物：主要是苎麻和亚麻，大多用于休闲服装及家居产品中。由于麻纤维材料耐磨性差，如果处理不好，麻类纤维较易脆裂（如日本常用的扎染麻布门帘，在染浴中容易出现此类情况），质感及触觉均不及棉织物，但麻与棉混纺后能够提高其服用舒适性，视觉粗犷朴实、透气性能较好。目前，市场上多选用棉麻纤维混纺的机织、针织面料来设计制作比较高档的休闲服装，特别是进行现代扎染后整理的麻棉时装，颇具自然风情和休闲逸趣（图3-34）。

（3）丝织物：作为艺术染整载体的丝织面料，主要有真丝双绉、素绉缎、真丝乔其纱、真丝欧根纱、顺纤绉、桑波缎、凌云缎和电力纺等。真丝面料以机织为主，也有少量针织面料和真丝针织拉毛处理面料。作为高档时装、艺术丝巾、日本和服等产品的常用面料，真丝面料具有高贵、飘逸、滑爽和悬垂性好的优点，是艺术染整比较理想的高档材料（图3-35）。其缺点是易黄变、生霉斑，而且比较难处理，沾水时会吸附在一起。

图3-34　运用艺术染整工艺设计的机织休闲女装

图3-35　真丝和服腰带

（4）毛织物：主要包括羊毛、羊绒类机织产品，但用于艺术染整工艺多以羊毛机织衫及混纺毛腈类机织成衣为主。羊毛纤维特有的糯糯性使之具有柔软、温暖的触觉，并且具有良好的吸湿性和服用性。其纤维缺点是易缩水、易虫蛀、易缩绒，加工整理时需要特别注意。

艺术染整对羊毛机织物进行视觉后整理时，可以巧妙运用其易缩绒的特点，通过预放尺寸，设计恰当的机洗时间、运动幅度和烘干时间，取得相对稳定的缩绒参数，形成稳定可控的羊毛缩绒工艺。设计师进行视觉差别化创意设计，运用毛毡化缩绒工艺，能够获得均匀的质地和厚实的外观。羊毛机织物的现代扎染图案经过缩绒处理后，呈现出丰富的渐变色阶及柔和的优美图形，表现了艺术染整独特的肌理美（图3-36）。

2. 化学纤维织物

锦纶织物多用于沙滩装等服饰产品，腈纶仿羊绒最适宜做吊染工艺，氨纶多与纯棉混纺织造出机织、针织弹力的棉氨纶面料，多用于制作比较高档的休闲衬衫、T恤衫、牛仔裤，具有弹性好、服用舒适的优点，是成衣染色和现代扎染等艺术染整的重要载体。另外，运用现代染

整技术开发的绿色生态类再
生纤维素纤维和新型面料，
如莫代尔、天丝、竹原纤
维、丽赛纤维、大豆蛋白纤
维、牛奶纤维等，也是艺术
染整比较理想的载体。一般
人造纤维，如黏胶人造棉、
人造丝、人造毛等也可进行
现代扎染加工。由于黏胶类
织物在浸染时强度降低，在
选择扎花工艺、染色操作和
起缸时，需要特别注意。

图 3-36　艺术染整男女羊毛衫

为了利用各种纤维的优点，提高面料的服用性能，我们在开发新型面料时，还会采用多种纤维进行混纺或交织，如涤／棉、涤／黏胶、丝／棉、麻／棉、黏胶／锦纶（曲珠纱），以提高产品的功能性、舒适性和服用性。

通常情况下，天然纤维织物是艺术染整工艺的主要载体，部分化纤、合纤、交织、混纺面料和天然皮革等，也能满足二维平面图形创意类工艺的要求；而三维记忆面料或成衣，多用新型改性涤纶仿真丝面料。

（二）三维记忆再造类主要面料

艺术染整核心工艺之一"面料三维记忆成型再造"，主要建立在改性涤纶织物高温定型的原理上，所以选择该工艺的面料以各种新型改性涤纶面料为主。一般情况下，含涤30%以上的涤／棉、涤／丝、涤／黏、涤／腈及其他交织、混纺机织面料和针织面料，经过定型实验三维记忆效果是比较好的。

三维记忆再造类面料一般以改性涤纶面料为主。下面我们结合近年来的艺术染整课题研究和产业实践，以面料三维记忆效果为依据，从春夏、秋冬季节两个维度对其进行概括性划分，主要有春夏薄型面料和秋冬厚质面料两大类。

1. 春夏薄型面料

各种仿真丝类的新型改性涤纶面料，如轻盈纺、春亚纺、乔其纱、色丁、五枚缎和"优丝"等梭织、机织改性涤纶面料（图3-37）。

2. 秋冬厚质面料

质地较厚的新型改性涤纶面料，如仿亚麻涤纶面料、涤棉、涤丝绒（绒为黏胶纤维，底为涤纶）、亮皮绒、麂皮羊羔毛、桃皮绒、仿裘皮长毛涤绒，以及涤棉交织的新型牛仔面料等（图3-38）。

图 3-37　改性涤纶面料制作的服装　　　　　　　　　　　　图 3-38　秋冬厚质面料制作的服装

　　随着艺术染整技术的不断创新和产业实践的不断发展，三维记忆再造类材料的选择范围得到了进一步的拓展，艺术染整所选用的材料及其织造品种也会更加丰富。

第二节　艺术染整防染基本原理与方法

　　艺术染整防染工艺分为物理性防染和化学性防染两种，但以传统精细绞缬类的扎粒类防染、缝绞类防染、现代扎染聚集类防染和扎粒、缝绞、聚集类防染的综合应用为主。由于艺术染整脱胎于手工印染，特别是现代扎染工艺，因此，与一般工业染整相比，其防染的基本原理和技术更多的是运用物理性防染及其方法，简称"扎花方法"。

　　物理性防染亦即扎花方法的分类，有多种分类形式。从扎花以绳系物的方法来看，可以将其分为传统有绳绞缬类和现代无绳聚集类两种；从图案的视觉艺术风格划分，一般有精细绞缬类、抽象表现类和综合应用类三种。下面我们从以绳系物的视角，拟采用传统有绳绞缬和现代无绳聚集的分类方法，对其防染原理作简要的介绍。

一、物理性防染

　　丰富多样、常变常新的现代扎花方法，是艺术染整面料和服饰品区别于普通工业染整产品同质化风格，形成差别化、个性化、艺术化视觉创新和时尚图形创意的重要手段。

　　通过手工扎花等物理性防染工艺设计，使织物、服装等按照设计要求形成染色防染区，或从平面状态转化为高低起伏的立体形态，从而在染色后呈现出不同寻常的异形效果。其防染原理是通过扎、缝、拧、绞、抓，以及聚集、绑缚、叠层、喂给等各种手工或半机械的方法，改变对象在染色前平整的常规形态，形成物理防染区与染色区之间千变万化的对比关系，并使织物或服饰品在非常规的形态下受染，继而呈现出与传统手工印染和工业染整完全不同的全新视觉效果。

（一）传统有绳绞缬类

传统有绳绞缬类通常指传统的扎染扎花方法，一般情况下都是通过手工工艺完成的，是由扎花工用针线对防染物进行缝、扎、绑、抽等手工艺方法制作出传统的图案。这种工艺对操作者的手工技艺要求较高，特别是精细点粒表现，如一目、横引、四卷等传统经典扎法，精致典雅、费工费时，是日本传统和服常用的防染扎花工艺。扎花工需要经过严格的训练并具有一定的悟性，才能熟练掌握。在我国该扎花工艺水平以南通地区基础最好。缝扎类，如平缝、柳缝、折缝等工艺相对容易、耗时较少，擅长表现造型，是我国传统扎染运用较多的防染工艺，以云南周城最负盛名；抽象捆缚类较易操作、用工最省，操作时主要将织物或服装按设计要求，向心、螺旋、纵向或水平聚集后，用绳子绑缚固定或装入辅助网袋后染色，其图案自由粗犷、抽象现代，多用于休闲时尚服饰产品的后整理。

传统有绳绞缬类是艺术染整主要的物理性防染工艺，主要包括以下几种扎花方法。

1. 点粒表现类

点粒表现类主要包括一目、横引、四卷（亦称鹿胎缬）、三浦绞、突出结、伞卷、小帽子和呗绞等，属于传统手工捆扎类工艺。

（1）工艺原理：用线对织物定位扎花点的部位进行捆绑扎紧处理，根据图形视觉风格，一般分为规则捆扎和自由捆扎两类。规则捆扎指按照事先设计的图案造型，进行有目的、有步骤地捆绑扎结处理。如传统经典扎粒的一目、横引、四卷、突出结等扎法，需要借助金属杆钩等辅助工具完成；呗绞需要扎花工操作呗绞机、通过人机互动才能完成；小帽子则需要耐高温PVC塑膜做防染保护层；而伞卷类只需将扎花部位拎高，用绳子捆扎即可。

（2）工艺流程：

①常规工艺流程：花型设计→描稿→制板→印清花→扎粒（或扎小帽子）→染色→检查完成。

②鱼子缬（一目）、四卷、小帽子扎花的工艺流程（图3-39）。

（a）材料准备。1块正方形白色全棉面料、1张正方形塑膜、1支绘笔、1只敲锤、1只铁铳、1张打磨砂纸、1杯蓝色定位液、1把毛刷、1锤细棉线、1只绕好特细棉线的木锤、1根一目杆子、1根手缝针、1把剪刀、配制好的靛蓝染料1盆、清水1盆。

（b）制板。取面料平铺，将塑膜平铺在面料上，用绘笔画好面料的外框，将图案设计画在塑膜上。"一目"花型用铁铳、敲锤沿着图案敲成0.5cm间距的点状线条；"四卷"花型用铁铳、敲锤沿着图案敲成0.7cm间距的点状线条；"小帽子"花型用铁铳、敲锤沿着图案敲成0.5cm间距的点状圆形。

（c）打磨。用打磨砂纸将塑膜的反面摩擦平整。

（d）、（e）印清花。将塑膜平铺在面料上，用毛刷蘸取定位液少许，将图案印刷在面料上。

（f）、（g）扎花。用穿好线的手缝针，如图沿"小帽子"花型定位点进行穿线；再将"四卷"图案处的定位点如图勾住、往内折，细棉线绕四道；然后将"一目"图案处的定位点勾住，细棉线绕两道；最后将"小帽子"处的穿线抽紧打结；在外面包裹上塑料膜纸，用棉线扎紧固定。

（h）染色。配置好1盆靛蓝染料，准备好需要染色的面料和1盆清水；将扎好的面料泡水后，投入染料中进行染色；充分着色后，取出放在空气中氧化5min。

（i）完成。将线解开，铺平晾晒，"一目+四卷+小帽子"扎花技法的花卉图案扎染就完成了。

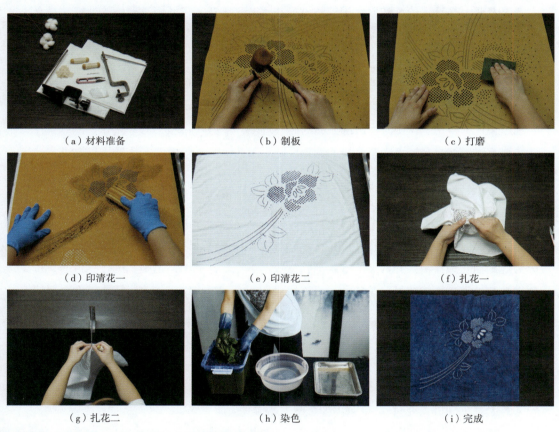

（a）材料准备　　　　　　　　（b）制板　　　　　　　　　　（c）打磨

（d）印清花一　　　　　　　　（e）印清花二　　　　　　　　（f）扎花一

（g）扎花二　　　　　　　　　（h）染色　　　　　　　　　　（i）完成

图3-39　鱼子缬（一目）、四卷、小帽子扎花工艺流程

③突出结、三浦绞扎花的工艺流程（图3-40）。

（a）材料准备。1块正方形白色全棉面料、1张正方形塑膜、1支绘笔、1只敲锤、1只铁铳、1张打磨砂纸、1杯蓝色定位液、1把毛刷、1桎细棉线、1只绕好特细棉线的木锤、1根杆子、1把钩子、1把剪刀、配制好的靛蓝染料1盆、清水1盆。

（b）制板。取面料平铺，将塑膜平铺在面料上，用绘笔画好面料的外框；将图案设计画在塑膜上。用铁铳、敲锤沿着"突出结"图案敲成1cm间距点状线条;"突出结"散点也同样用铁铳、敲锤敲打;用铁铳、敲锤沿着"三浦"图案敲成2cm间距点状线条。

(c)打磨。用打磨砂纸将塑膜的反面摩擦平整。

(d)、(e)印清花。将塑膜平铺在面料上,用毛刷蘸取定位液少许,将图案印刷在面料上。

(f)~(h)扎花。将"突出结"图案处的定位点套在顶针上、细棉线绕一道,最后一个点粒加绕一道打结;散点先扎,绕两道打结;然后将"三浦"图案处的定位点勾住、细棉线绕一道,最后一个点粒加绕一道打结。

(i)染色。配置好1盆靛蓝染料,准备好需要染色的面料和1盆清水;将扎好的面料泡水后,投入染料中进行染色;充分着色后,取出放在空气中氧化5min。

(j)完成。将线解开,铺平晾晒,突出结、三浦绞扎花技法的花卉图案扎染就完成了。

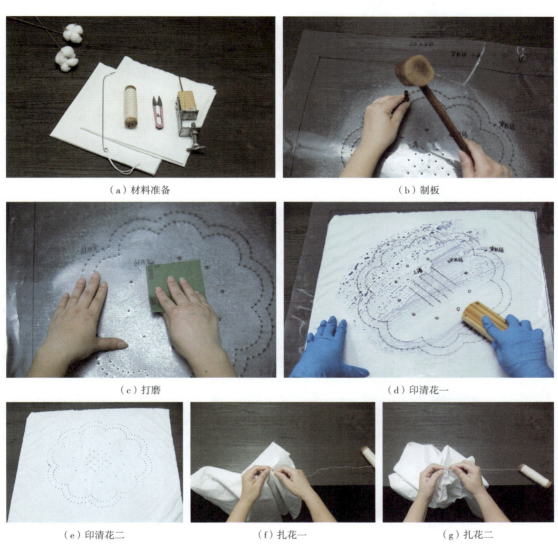

(a)材料准备   (b)制板

(c)打磨   (d)印清花一

(e)印清花二   (f)扎花一   (g)扎花二

图3-40

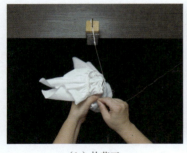

（h）扎花三　　　　　　　　（i）染色　　　　　　　　（j）完成

图3-40　突出结、三浦绞扎花工艺流程

④平缝、突出结、伞卷扎花的工艺流程（图3-41）。

（a）材料准备。1块正方形白色全棉面料、1张正方形塑膜、1支绘笔、1只敲锤、1只铁铳、1张打磨砂纸、1杯蓝色定位液、1把毛刷、1锤细棉线、1根手缝针、1根杆子、1把剪刀、配制好的靛蓝染料1盆。

（b）制板。取面料平铺，将塑膜平铺在面料上，用绘笔画好面料的外框；如图将图案设计并画在塑膜上；用铁铳、敲锤在"突出结"花型处敲打；用铁铳、敲锤沿着"伞卷"花型图案敲成1cm间距点状线条；用铁铳、敲锤沿着"平缝"图案敲成0.5cm间距点状线条。

（c）打磨。用打磨砂纸将塑膜的反面摩擦平整。

（d）、（e）印清花。将塑膜平铺在面料上，用毛刷蘸取定位液少许，将图案印刷在面料上。

（f）~（h）扎花。如图将"平缝"图案用穿好线的手缝针沿线条进行穿线；然后沿"伞卷"花型定位点进行穿线，如图抽紧并往上绕紧打结；再将"平缝"图案处的穿线如图抽紧，抽紧后打结；最后将"突出结"图案处的定位点套在顶针上，细棉线绕两道。

（i）染色。配置好1盆靛蓝染料，准备好需要染色的面料和1盆清水；将扎好的面料泡水后，投入染料中进行染色；充分着色后，取出放在空气中氧化5min。

（j）完成。将线解开，铺平晾晒，平缝、突出结、伞卷扎花技法的花卉图案扎染就完成了。

（a）材料准备　　　　　　　　　　　　　　（b）制板

（c）打磨	（d）印清花一
（e）印清花二	（f）扎花一	（g）扎花二
（h）扎花三	（i）染色	（j）完成

图3-41　平缝、突出结、伞卷扎花工艺流程

⑤平缝、小帽子扎花工艺流程（图3-42）。

（a）材料准备。1块正方形白色全棉面料、1张正方形塑膜、1支绘笔、1只敲锤、1只铁铳、1张打磨砂纸、1杯蓝色定位液、1把毛刷、1槌细棉线、1根手缝针、1根一目杆子、1把剪刀、配制好的靛蓝染料1盆。

（b）制板。取面料平铺，将塑膜平铺在面料上，用绘笔画好面料的外框；如图将图案设计并画在塑膜上；"平缝"花型用铁铳、敲锤沿着图案敲成0.5cm间距点状线条；"一目"花型用铁铳、敲锤沿着图案敲成0.5cm间距点状线条；"小帽子"花型用铁铳、敲锤沿着图案敲成0.5cm间距点状圆形。

（c）打磨。用打磨砂纸将塑膜的反面摩擦平整。

（d）、（e）印清花。将塑膜平铺在面料上，用毛刷蘸取定位液少许，将图案印刷在面料上。

（f）~（h）扎花。如图用穿好线的手缝针沿"平缝"线条进行穿线；然后用穿好线的手缝针如图沿"小帽子"花型定位点进行穿线，将"小帽子"处的穿线抽紧打结；在外面包裹上塑料膜纸，再用棉线扎紧固定；如图将细棉线绕到木锤上；接着将"平缝"处的穿线抽紧打结。

（i）染色。配置好1盆靛蓝染料，准备好需要染色的面料和1盆清水；将扎好的面料泡水后，投入染料中进行染色；充分着色后，取出放在空气中氧化5min。

（j）完成。将线解开，铺平晾晒，平缝、小帽子扎花技法的花卉图案扎染就完成了。

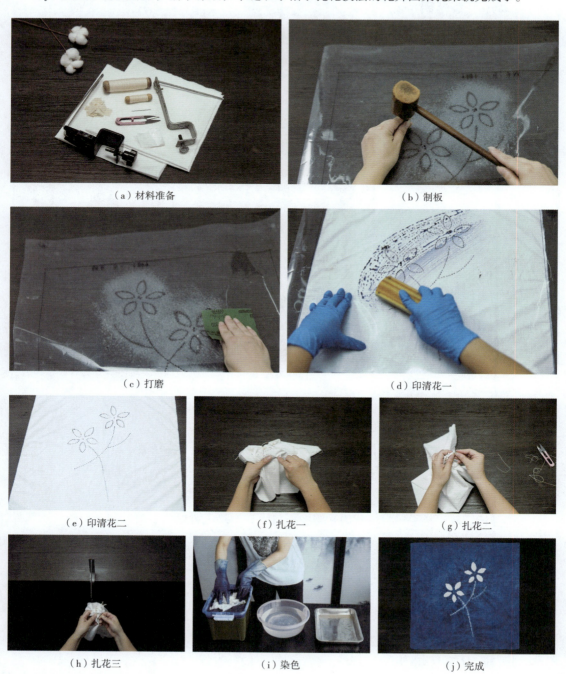

（a）材料准备　　　　　　　　　　　　　（b）制板

（c）打磨　　　　　　　　　　　　　（d）印清花一

（e）印清花二　　　　　　　（f）扎花一　　　　　　　（g）扎花二

（h）扎花三　　　　　　　（i）染色　　　　　　　（j）完成

图3-42　平缝、小帽子扎花工艺流程

⑥呗绞扎花工艺流程（图3-43）。

（a）印清花。将设计制作好的图形塑膜平铺在面料上，用毛刷蘸取定位液少许，将图案印刷在面料上。

（b）扎花。如图将印好定位花型面料的定位点喂入呗绞机头，此时自动扎粒，然后重复该操作完成扎花。

（c）染色。将完成的扎花面料放入配置好的染液中进行均匀染色。

（d）完成。将线解开，铺平晾晒，呗绞扎花技法的图案扎染就完成了。

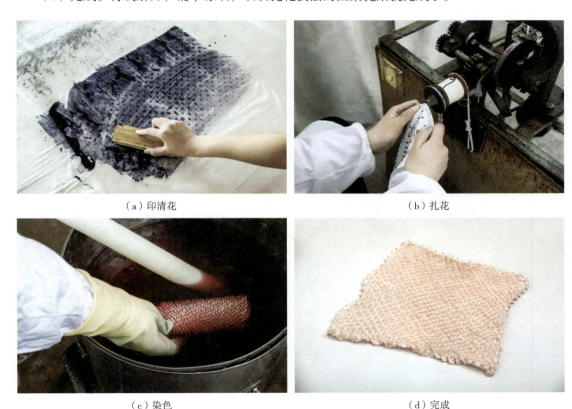

（a）印清花

（b）扎花

（c）染色

（d）完成

图3-43　呗绞扎花工艺流程

2. 线缝表现类

线缝表现类主要包括平缝、单折缝、双折缝、柳缝、六角花等常规工艺，是我国传统扎花重要的防染技术。与点粒扎花相比，线缝类扎花工艺长于写实、经济实用，并在长期发展和演变的过程中形成了经典的民族图案传承，因而蕴含丰厚的历史文化，为广大民众喜闻乐见。

（1）工艺原理：按预先设计的花形对织物进行缝绞，然后将缝线抽紧系结，将未缝扎图案的部分或捆扎或留底，使缝扎部位和捆扎部分阻断染液浸入，形成防染功能，染色后形成清晰的图案线条和色阶丰富、虚实相间的底色效果。

（2）工艺流程：

①常规工艺流程：花形设计→描稿→制板→印清花→扎粒（或扎小帽子）→检查完成。

②平缝扎花工艺流程（图3-44）。

（a）材料准备。1块正方形白色全棉面料、1张正方形塑膜、1支绘笔、1只敲锤、1只铁铳、1张打磨砂纸、1杯蓝色定位液、1把毛刷、1锤细棉线、1根手缝针、1把剪刀、配制好的靛蓝染料1盆。

（b）制板。取面料平铺，将塑膜平铺在面料上，用绘笔画好面料的外框；如图将图案设计并画在塑膜上；用铁铳、敲锤沿着图案敲成0.5cm间距点状线条。

（c）打磨。用打磨砂纸将塑膜的反面摩擦平整。

（d）、（e）印清花。将塑膜平铺在面料上，用毛刷蘸取定位液少许，将图案印刷在面料上。

（f）~（h）扎花。如图用穿好线的手缝针沿线条进行穿线，抽紧后打结。

（i）染色。配置好1盆靛蓝染料，准备好需要染色的面料和1盆清水；将扎好的面料泡水后，投入染料中进行染色；充分着色后，取出放在空气中氧化5min。

（j）完成。将打结处剪开，铺平晾晒，平缝扎花技法的花卉图案扎染就完成了。

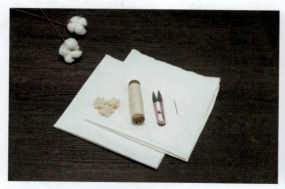

（a）材料准备

（b）制板

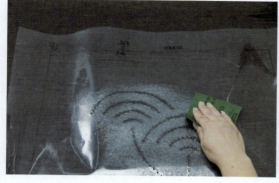

（c）打磨

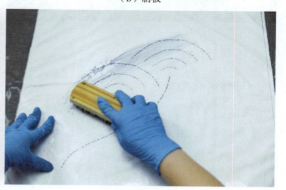

（d）印清花一

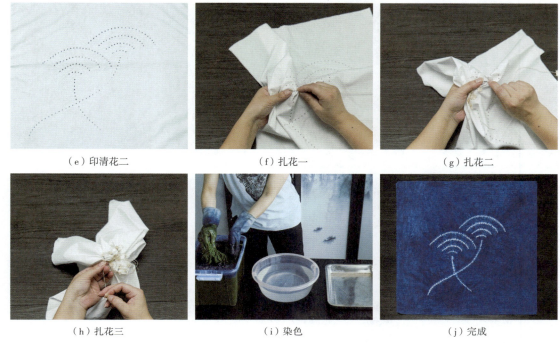

（e）印清花二	（f）扎花一	（g）扎花二
（h）扎花三	（i）染色	（j）完成

图 3-44　平缝扎花工艺流程

③折缝、伞卷、突出结扎花工艺流程（图 3-45）。

（a）材料准备。1块正方形白色全棉面料、1张正方形塑膜、1支绘笔、1只敲锤、1只铁铳、1张打磨砂纸、1杯蓝色定位液、1把毛刷、1锤细棉线、1根手缝针、1根杆子、1把剪刀、配制好的靛蓝染料1盆。

（b）制板。取面料平铺，将塑膜平铺在面料上，用绘笔画好面料的外框；如图将图案设计并画在塑膜上；用铁铳、敲锤在"突出结"花型处敲打；用铁铳、敲锤沿着"伞卷"花型图案敲成1cm间距点状线条；用铁铳、敲锤沿着"折缝"图案敲成0.5cm间距点状线条。

（c）打磨。用打磨砂纸将塑膜的反面摩擦平整。

（d）、（e）印清花。将塑膜平铺在面料上，用毛刷蘸取定位液少许，将图案印刷在面料上。

（f）~（h）扎花。如图将"折缝"图案处定位点先对折，再用穿好线的手缝针沿点穿线；然后用穿好线的手缝针沿"伞卷"花型定位点进行穿线，如图抽紧并往上绕紧打结；接着将"折缝"图案处的穿线如图抽紧，抽紧后打结；最后将"突出结"图案处的定位点套在顶针上，细棉线绕两道。

（i）染色。配置好1盆靛蓝染料，准备好需要染色的面料和1盆清水；将扎好的面料泡水后，投入染料中进行染色；充分着色后，取出放在空气中氧化5min。

（j）完成。将线解开，铺平晾晒，折缝、伞卷、突出结扎花技法的花卉图案扎染就完成了。

（a）材料准备　　　　　　　　　　　　　（b）制板

（c）打磨　　　　　　　　　　　　　（d）印清花一

（e）印清花二　　　　　　（f）扎花一　　　　　　（g）扎花二

（h）扎花三　　　　　　（i）染色　　　　　　（j）完成

图3-45　折缝、伞卷、突出结扎花工艺流程

④扭缝、伞卷、突出结扎花工艺流程（图3-46）。

（a）材料准备。1块正方形白色全棉面料、1张正方形塑膜、1支绘笔、1只敲锤、1只铁铳、1张打磨砂纸、1杯蓝色定位液、1把毛刷、1缕细棉线、1根手缝针、1根杆子、1把剪刀、配制好的靛蓝染料1盆。

（b）制板。取面料平铺，将塑膜平铺在面料上，用绘笔画好面料的外框；如图将图案设计并画在塑膜上；用铁铳、敲锤在"突出结"花型处敲打；用铁铳、敲锤沿着"伞卷"花型图案敲成1cm间距点状线条；用铁铳、敲锤沿着"扭缝"图案敲成0.8cm间距点状线条。

（c）打磨。用打磨砂纸将塑膜的反面摩擦平整。

（d）、（e）印清花。将塑膜平铺在面料上，用毛刷蘸取定位液少许，将图案印刷在面料上。

（f）~（h）扎花。如图将"扭缝"图案处定位点先对折，用穿好线的手缝针沿点从正面穿过、背面出针，将针绕过布的对折中缝，继续重复上面的步骤，每次针都是正面进、背面出；然后用穿好线的手缝针沿"伞卷"花型定位点进行穿线，如图抽紧并往上绕紧打结；再将"扭缝"图案处的穿线如图抽紧，抽紧后打结；最后将"突出结"图案处的定位点套在顶针上，细棉线绕两道。

（i）染色。配置好1盆靛蓝染料，准备好需要染色的面料和1盆清水；将扎好的面料泡水后，投入染料中进行染色；充分着色后，取出放在空气中氧化5min。

（j）完成。将线解开，铺平晾晒，扭缝、伞卷、突出结扎花技法的花卉图案扎染就完成了。

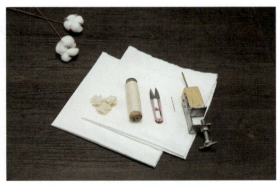

（a）材料准备

（b）制板

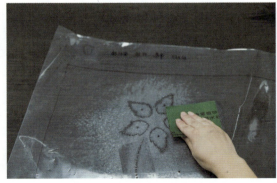

（c）打磨

（d）印清花一

图3-46

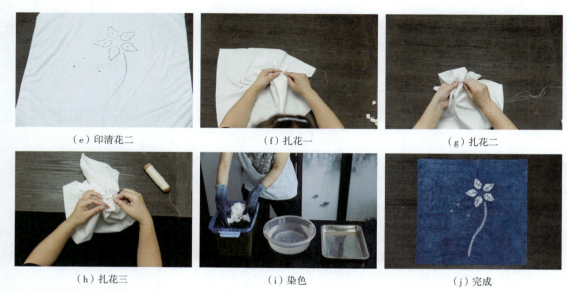

<table>
<tr><td>（e）印清花二</td><td>（f）扎花一</td><td>（g）扎花二</td></tr>
<tr><td>（h）扎花三</td><td>（i）染色</td><td>（j）完成</td></tr>
</table>

图3-46　扭缝、伞卷、突出结扎花工艺流程

⑤六角花扎花工艺流程（图3-47）。

（a）材料准备。1块正方形白色全棉面料、1张正方形塑膜、1支绘笔、1只敲锤、1只铁锹、1张打磨砂纸、1杯蓝色定位液、1把毛刷、1梱细棉线、1根手缝针、1根杆子、配制好的靛蓝染料1盆。

（b）制板。取面料平铺，将塑膜平铺在面料上，用绘笔画好面料的外框；如图将图案设计并画在塑膜上；用铁锹、敲锤沿着图案敲一大一小两个点，点距1.5cm。

（c）打磨。用打磨砂纸将塑膜的反面摩擦平整。

（d）、（e）印清花。将塑膜平铺在面料上，用毛刷蘸取定位液少许，将图案印刷在面料上。

（f）~（h）扎花。如图折叠出六个角，用穿好线的手缝针沿两个定位点进行穿线，抽紧后打结。

（i）染色。配置好1盆靛蓝染料，准备好需要染色的面料和1盆清水；将扎好的面料泡水后，投入染料中进行染色；充分着色后，取出放在空气中氧化5min。

（j）完成。将打结处剪开，铺平晾晒，六角花扎花技法的花卉图案扎染就完成了。

（a）材料准备

（b）制板

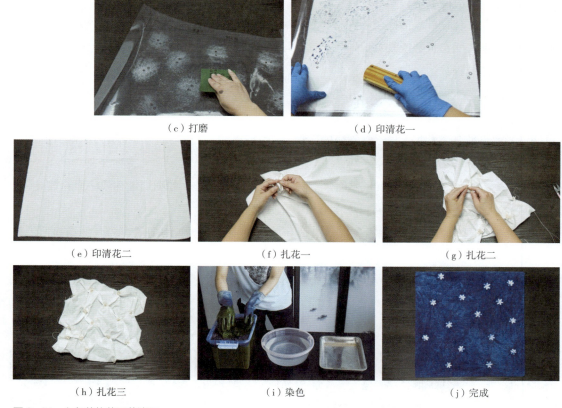

（c）打磨　　　　　　　　　　　（d）印清花一

（e）印清花二　　　　　　（f）扎花一　　　　　　（g）扎花二

（h）扎花三　　　　　　（i）染色　　　　　　（j）完成

图3-47　六角花扎花工艺流程

（3）工艺注意事项：

①缝绞时，走针的方法有平针、卷针等，针法、针距、针线粗细不同，图案的效果也会有很大的不同。

②对线形变化大的图案，在缝绞时要注意合理断线，用线不能过长，否则会难抽紧而影响防染效果，同时容易造成断线，形成"瞎花"。

③抽紧系结时应先小后大，即先扎小图案，后扎大图案，以便于控制全局，防止漏扎。

④所有图案缝绞完成后再进行系结，对于面料强度不好或扎花面积过大的，注意在扎结部位加垫小块面料，防止染浴过程中出现破洞，产生次品。

⑤对于比较复杂的图案，一般可采用边平缝、边抽结，分段完成的手法进行。

⑥对于线缝类扎花的底色处理，常采用留地与局部底色捆绑相结合的方式，应特别注意：局部底色捆绑的松紧度、绕线的密度不同，图案效果也不相同。

3. 抽象捆扎类

抽象捆扎类是一种相对自由随意的扎花手法，无须绘制图案和制板定位。操作时，仅需在理解设计风格的基础上，按照工艺设定将织物揉成一团、顺成一条或随意折叠并且放入特制的专用网袋固定，又或有意识地将织物整理出某种形态（如向心、螺旋、纵向或水平聚集）进行捆绑或以网袋固定，浸染后整理好即可。

（1）工艺原理：抽象捆扎是一种相对自由随意的扎花手法，无须绘制图案，将织物揉成一团、顺成一条、随意折叠或有意识地将织物整理出某种形态进行捆绑均可。

（2）工艺流程：

①常规工艺流程：花形设计→扎花→染色→检查完成。

②抽象石纹、云纹聚集扎花工艺流程（图3-48）。

（a）材料准备。1块正方形白色全棉面料、1锤细棉线、3把勺子、1把剪刀、配置好的三原色直接染料3杯、配置好的深蓝色直接染料1杯、清水1盆。

（b）、（c）扎花。取面料平铺，将面料呈交错型乱花状抓扎，如图用细棉线将面料捆扎好。

（d）染前准备。将扎好的面料放在清水中充分浸湿。

（e）、（f）注染。配置好三原色直接染料和深蓝色直接染料，用勺子将彩色的染料溶液注绘到面料上。

（g）、（h）高温浸染。将上述面料再投入染料中进行染色。升温至95℃充分着色后，取出放入清水中水洗。

（i）完成。将捆扎处剪开，铺平晾晒，抽象石纹、云纹聚集扎花技法的图案扎染就完成了。

（a）材料准备　　　　　　　　　（b）扎花一　　　　　　　　　　（c）扎花二

（d）染前准备　　　　　　　　　（e）注染一　　　　　　　　　　（f）注染二

（g）高温浸染一　　　　　　　　（h）高温浸染二　　　　　　　　（i）完成

图3-48　抽象石纹、云纹聚集扎花工艺流程

③卷扎扎花工艺流程（图3-49）。

（a）材料准备。1块正方形白色全棉面料、1只绕好粗涤线的木锤、1只绕好细棉线的木锤、1根杆子、1把剪刀、配制好的靛蓝染料1盆。

（b）~（d）扎花。取面料平铺，如图将面料从一端顺势卷起，两端用棉线固定，然后用粗涤线绕扎，打结固定。

（e）染色。配置好1盆靛蓝染料，准备好需要染色的面料和1盆清水；将扎好的面料泡水后，投入染料中进行染色；充分着色后，取出放在空气中氧化5min。

（f）完成。将线解开，铺平晾晒，卷扎扎花技法的图案扎染就完成了。

（a）材料准备

（b）扎花一

（c）扎花二

（d）扎花三

（e）染色

（f）完成

图3-49 卷扎扎花工艺流程

④螺旋扎花工艺流程（图3-50）。

（a）材料准备。1块正方形白色全棉面料；1只绕好粗涤线的木锤；1把剪刀；配制好的靛蓝染料1盆。

（b）~（d）扎花。取面料平铺，如图用一只手的拇指和食指固定面料中心并将此作为圆心带动布做顺时针（或逆时针）旋转；另一只手配合做相反方向的旋转，同时理顺面料；用粗涤线绕扎打结固定。

（e）染色。配置好1盆靛蓝染料，准备好需要染色的面料和1盆清水；将扎好的面料泡水后，投入染料中进行染色；充分着色后，取出放在空气中氧化5min。

（f）完成。将线解开，铺平晾晒，螺旋扎花技法的图案扎染就完成了。

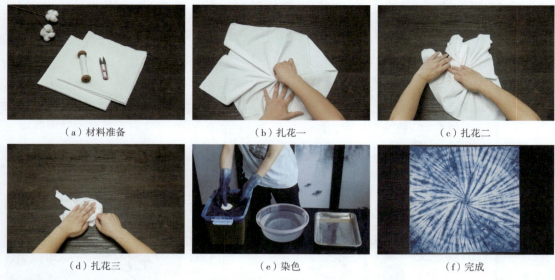

（a）材料准备 （b）扎花一 （c）扎花二

（d）扎花三 （e）染色 （f）完成

图3-50 螺旋扎花工艺流程

⑤绳绞扎花的工艺流程（图3-51）。

（a）材料准备。1块正方形白色全棉面料、1只绕好细棉线的木锤、1只绕好粗涤线的木锤、1根杆子、1把剪刀、配制好的靛蓝染料1盆。

（b）~（d）扎花。取面料平铺，如图在一端折叠收拢用棉线固定，以同样方法固定另一端，将两端固定在杆子上，中间再理裥并用棉线固定，最后用粗涤线绕扎打结固定。

（e）染色。配置好1盆靛蓝染料，准备好需要染色的面料和1盆清水；将扎好的面料泡水后，投入染料中进行染色；充分着色后，取出放在空气中氧化5min。

（f）完成。将绳线解开，铺平晾晒，绳绞扎花技法的图案扎染就完成了。

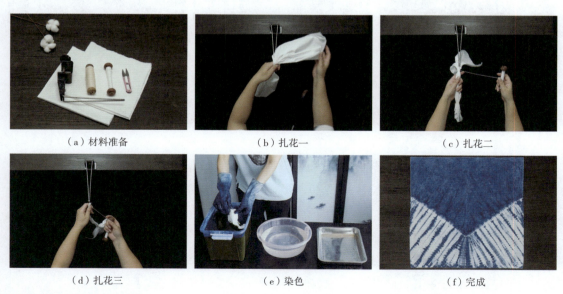

（a）材料准备 （b）扎花一 （c）扎花二

（d）扎花三 （e）染色 （f）完成

图3-51 绳绞扎花工艺流程

（3）工艺注意事项：

①线的粗细、绕线的圈数与密集度对最终效果有直接的影响。

②捆扎前对织物的折、顺、揉等手法的变化会赋予织物图案变化。

4. 折叠防染类扎花

传统物理性防染方法中，运用镂空夹板、木条、耐高温聚氯乙烯（PVC）塑料薄膜等自制辅助工具，将被染织物或成衣按一定的单元尺度折叠后双面固定扎花，是一种极具经济效益和视觉创意的工艺，主要包括夹板折叠防染、木条固定防染、塑料薄膜防染、对角局部捆扎等。

（1）工艺原理：被染物的折叠内部及夹板、木条以及塑料薄膜等防染辅助物的保护部位，在染浴中能有效地阻止染液渗透，两侧及镂空部位等非保护区浸染上色，形成层次丰富、色晕多变和重演性好的四方连续图案纹样，是一种区别于常规工业染色的具有艺术特色的现代扎染工艺。

（2）工艺流程：将被染织物或成衣根据图案设计要求，沿水平方向横向折叠后再纵向折叠，或沿对角线方向来回折叠后再纵向折叠（可以有多种变化），用绳子将夹板、木条、塑料薄膜等辅助防染物分别捆扎固定，泡水后再浸染，拆线后形成满地的四方连续图案。

①常规工艺流程：面料或成衣水平折叠（或对角折叠）→夹板（或木条、塑料薄膜）定位→捆扎固定→泡水／染色。

②水平折叠扎花工艺流程（图3-52）。

（a）材料准备。1块正方形白色全棉面料、1支绕好粗涤线的木锤、1只绕好细涤线的木锤、1把剪刀、配制好的靛蓝染料1盆。

（b）~（d）扎花。取面料平铺，如图均匀S形折叠，再将折叠好的条状S形均匀折叠成方形，最后用粗涤线网紧固定。

（e）染色。配置好1盆靛蓝染料，准备好需要染色的面料和1盆清水；将扎好的面料泡水后，投入染料中进行染色；充分着色后，取出放在空气中氧化5min。

（f）完成。将线解开，铺平晾晒，水平折叠扎花技法的图案扎染就完成了。

（a）材料准备

（b）扎花一

（c）扎花二

图3-52

（d）扎花三

（e）染色

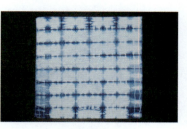
（f）完成

图3-52 水平折叠扎花工艺流程

③夹板防染折叠扎花工艺流程（图3-53）。

（a）材料准备。1块正方形白色全棉面料、1支绕好粗涤线的木锤、2块木板、2根木棍、1把剪刀、配制好的靛蓝染料1盆。

（b）~（d）扎花。取面料平铺，如图均匀S形折叠，再将折叠好的条状从一端均匀折叠成三角形，用木板固定，最后用粗涤线绑紧、打结固定。

（e）染色。配置好1盆靛蓝染料，准备好需要染色的面料和1盆清水；将扎好的面料泡水后，投入染料中进行染色；充分着色后，取出放在空气中氧化5min。

（f）完成。将线解开，铺平晾晒，夹板防染折叠扎花技法的图案扎染就完成了。

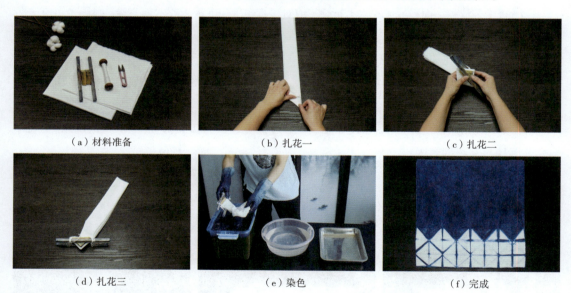

（a）材料准备　　　　　　（b）扎花一　　　　　　（c）扎花二

（d）扎花三　　　　　　（e）染色　　　　　　（f）完成

图3-53 夹板防染折叠扎花工艺流程

（二）现代无绳聚集防染类

1. 工艺原理

无绳聚集防染与常规工业印染、传统手工印染不同，其防染原理是对各种织物或成衣通过抓、绕、堆、缠绞、打结等手法，对面料或成衣进行不同方向和高低的聚集定位，使需要染色的面料和服装部位因为聚集形成不同的形态，平摊或按一定的疏密关系放置在特制的不锈钢筛网架等辅助工具上进行注染、喷染、浇色或浸染显花和高温固色处理。无绳聚集工艺，能赋予织物抽象写意的现代情趣，极具绘画性。而在整个扎花过程中，"经营位置"完全通过操作者的聚集手法即兴完成，无须用针线捆扎、缝绞定位防染花型。

2. 工艺流程

无绳聚集防染使用比较多的工艺主要有抽象石纹、云纹聚集注染法，纵向条纹拧绞浸染法，双股拧绞搓绳浸染法，疏密自由聚集喷绘法等。这里只简单介绍一些基本的技法以供学习、借鉴，启发大家触类旁通，创造出更多的方法。

（1）常规工艺流程：图形设计→根据图形设计操作手法→利用网架等不同的辅助工具放置面料或服装→不同方向或高低聚集定位→注染/固色/后整理。

（2）纵向条纹拧绞搓绳浸染工艺流程（图3-54）。

（3）疏密自由聚集喷绘工艺流程（图3-55、图3-56）。

①图形设计→成衣聚集→超柔涂料喷绘→焙烘→完成。

②聚集设计→成衣聚集→超柔涂料喷绘→焙烘→完成。

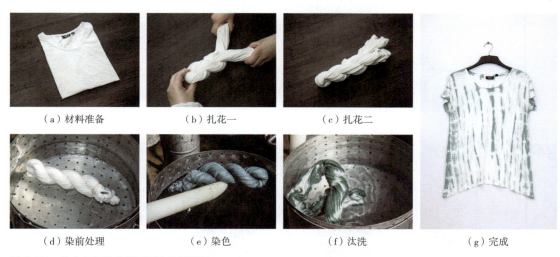

（a）材料准备　　　　　（b）扎花一　　　　　（c）扎花二　　　　　　（g）完成

（d）染前处理　　　　　（e）染色　　　　　（f）汰洗

图3-54　纵向条纹拧绞搓绳浸染工艺流程

（a）聚集设计　　　　　（b）超柔涂料喷绘一　　　　　（c）超柔涂料喷绘二

图3-55

（d）超柔涂料喷绘三

（e）焙烘

（f）完成

图3-55　疏密自由聚集喷绘工艺流程1

（a）聚集设计

（b）超柔涂料喷绘

（c）喷绘完成状态

（d）焙烘

（e）完成

图3-56　疏密自由聚集喷绘工艺流程2

　　无绳聚集防染类工艺，面料聚集的疏密、高低、松紧等物理性因素，决定了染色图形的视觉效果和审美风格。因此，在操作过程中，操作者需有效地控制面料或服装的局部与整体的聚集状态，处理好聚集、拧绞的高低、松紧、疏密等参数，并且能动地运用手势变化来设定、预测和控制防染效果，这就需要我们在艺术染整课程的学习和实践中不断总结和提高。

　　以上简要地介绍了艺术染整物理性防染技法的基本扎花原理和方法，读者可以在此基础上认真思考、触类旁通，大胆发挥创意。例如，通过平面设计，对点、线、面、体等造型元素进行图案构成练习，或尝试将有绳绞缬与无绳聚集两种不同技法进行综合创新，以产生陌生化和新、奇、特、美的视觉效果。

二、化学性防染

现代扎染的化学性防染方法，主要指用含有能破坏或阻止染浴上色的防染剂，配合手工绞缬、聚集等物理性防染扎花对面料或成衣进行注、刷、绘等前处理，染色时因防染区防染剂的阻染作用，使面料或成衣形成特殊的视觉图形效果。

一般来说，艺术染整所指的化学防染，并不是严格意义上的化学防染工艺，其具有与扎花防染、喷拔注染相结合的特点，与工业印染的防染工艺并不完全相同。关于艺术染整化学性防染的一般原理及方法，将在下一节艺术染整工艺集成与染色技术中对注染、拔染等进行讨论（图3-57）。

图3-57　拔染女装

第三节　艺术染整工艺集成与染色技术

织物或服装经过艺术染整物理性防染扎花处理后，染色是使织物上色显花的主要方法（此外还有印花及其他特种染色技术），其原理是在以水作为介质的环境下，使染料不同程度地渗透到织物的内部。从使用设备进行区分，常规工业染色主要分为浸染与扎染两种染色方式，这也是整匹织物大批量染色加工的传统方法。与艺术染整相比，常规工业染色因其大批量、同质化的生产方式，在工艺设置、批量生产、图形风格和快速柔性方面已经较难满足现代纺织服装市场多品种、小批量、多元化和个性化的需要，转而通过时尚创意和工艺柔性化创新寻求支持。

为了适应现代生活方式的变化和个性化的消费需求，艺术染整在常规工业染整的基础上，通过与数码技术、设计构成和工艺美术的跨界集成与综合创造，强化了视觉审美功能为特色的特种染整技术，主要包括二维平面图形创意、三维记忆成型技术和综合技术集成三大类。

对艺术染整二维平面图形的创意类染色工艺，通过染色工艺分类的方法进行讨论，主要包括浸染、注染、吊染、段染、拔染、喷染、植物染、生物基染、冷染等工艺。

一、浸染工艺

艺术染整浸染工艺根据染色前不同的扎花工艺，可以分为绞缬浸染和聚集浸染两种。浸染工艺通过传统绞缬和现代聚集扎染技法，对棉、麻、丝、毛、涤、黏、锦等机织、针织面料或成衣进行特种染色深加工，对常规面料或成衣相对单调的外观进行视觉审美的功能性开发，形成精致高雅的写实风格和抽象的现代风格等多种花型，洋溢着东方传统的手工温情和西方现代构成艺术的形式美感（图3-58）。

图3-58　融汇东西具有抽象意味的现代构成（浸染）

（一）绞缬浸染工艺

1. 工艺原理及特点概述

绞缬浸染，是一种多选用环保型活性染料或酸性染料的特种染色工艺。主要在棉、麻、丝、毛、锦等机织、针织面料或成衣上，运用传统扎染技艺的缝、绞、包、缠、折、夹等绞缬手法扎花，在浸染过程中通过手工扎花形成的物理性防染功能，产生精致、写实或写意的防染图案效果，这种极具手工趣味的装饰美是普通印花技术难以仿效的。

面料或成衣采用缝、扎、绞、包等扎花处理的部位，因染料无法渗入或渗入程度的差异，形成不同的视觉肌理风格，图案本身也因染液渗入量的多少产生丰富的层次变化，具有独特的艺术品位。如灵活运用中国传统鹿胎绞和日本有松绞等经典扎花技艺制作的纺织品，能够传达出精致的手工感和浓厚的人文气息。绞缬浸染多选用精梳棉布、真丝绸缎等优质的天然纤维织造面料，被广泛应用于国内外高档工艺女装、日本和服、真丝礼品和艺术家纺中，具有很高的文化含量和工艺附加值（图3-59、图3-60）。

随着艺术染整技术的进步，绞缬浸染工艺开始关注绿色生态发展，不断消化吸收新的印染科技成果，在色牢度、环保性、重演性等方面达到了现代纺织印染的质量标准。

图 3-59　精致扎花的日本和服　　　　图 3-60　传统绞缬的艺术家纺

2. 工艺流程

图形设计→根据花形制板→面料或成衣印清花→（点色）→（根据图案进行手工缝扎花→前处理→热水烫洗→冷水洗→冷水浸泡→染色→酸洗→皂洗→柔软→脱水→烘干）n次（可根据染色的颜色数来决定）→功能性整理→检验→包装成品。

例如，棉织物活性染色工艺：

（1）前处理处方：815净洗剂0.5~3g/L；纯碱3~5g/L；在95~100℃的条件下处理30min。

（2）染色处方：活性艳蓝KN-RXN，$x\%$；元明粉20g/L；纯碱10g/L；在60℃的条件下染色40~60min（具体染色工艺流程参考常规染整工艺）。

（3）酸洗处方：冰醋酸0.5~1g/L；在室温条件下处理10min。

（4）皂洗处方：815净洗剂0.5~3g/L；在95~100℃的条件下处理10min。

（5）柔软处方：柔软剂或硅油0.5~3g/L；在室温条件下处理20min。

3. 主要技术过程（图 3-61）

注意真丝、锦纶类绞缬浸染，在染色前先进行淀粉酶退浆处理（一般不用纯碱进行前处理），再充分泡水后染色。

（a）印清花　　　　　　　　　　（b）扎花

图 3-61

（c）扎花完成图　　　　（d）染色

（e）拆线　　　　　　　（f）酸洗　　　　　　　（g）成品

图 3-61　绞缬浸染工艺的主要技术过程

4. 操作注意事项

（1）染色工艺与成衣染色基本相同，注意染前泡冷水要充分（一般视被扎织物的花型大小及工艺要求而定），以防止花型透色过度而形成瞎花、次品。

（2）在桨叶式染色机染色时，根据工艺设定控制好桨叶的转速（不宜太快）。

（3）酸洗要到位、柔软要充分，以确保手感效果，要防止拆线时因缝扎部位与扎绳触面摩擦阻力过大而拆破织物。

（4）真丝类柔软时要特别注意按要求操作，防止因柔软过度造成织物拆线时产生纰裂现象。

（5）染色过程中注意检查被染织物是否有线头掉下，谨防织物缠绕造成色花。

（6）多套色浸染时，遵循先浅色后深色的原则。

其他染色的操作注意事项与成衣染色类同。

（二）聚集浸染工艺

1. 工艺原理及特点概述

聚集浸染工艺是在各种棉、麻、丝、毛、涤、锦等机织、针织面料和混纺、交织面料或成衣上进行特种染色加工，形成图形与色彩交融的抽象写意风格，是艺术染整中最具创意性、时尚性和视觉表现力的现代扎染工艺之一。

与一般工业印染和传统民间扎染工艺的前处理、后整理工艺不同，聚集浸染工艺根据图案设计不同的风格，运用不同的辅助工具来完成面料或成衣的物理性防染。通过对面料进行不同方向和高低的聚集定位，辅以抓、扎、缝、绕或装入尼龙口袋，使需要染色的面料和服装聚集成不同的形态，聚集的形式和松紧决定了染色后图形的视觉效果。因此，在操作过程中采用控制面料和服装的局部聚集或全部聚集状态，以聚集的松紧和高低参数的变化来调控防染效果，形成一定的工艺标准范围是非常重要的。染色采用浸染工艺，视面料图形设计清晰与模糊的不同要求，通过对面料干湿、浸染时间和运动幅度等多种工艺参数的设定与控制，形成聚集浸染区别于工业染整的图案风格和独特肌理效果，是工艺成熟和市场化的关键。一般来说，这种染色方法对面料和染料的限制性比较小。

运用聚集浸染工艺对国产灯芯绒面料、斜纹棉布、彩色牛仔布、各种精梳棉布、棉氨纶面料、色织布、棉针织面料、真丝面料和涤黏丝绒面料、黏胶杨柳皱、锦纶针织泳装面料等进行面料二次开发，能取得较好的视觉艺术效果，同时也适用于成衣类的染色。

聚集浸染的面料和成衣，图案抽象写意、灵动多变、色阶丰富自然，具有西方现代派艺术的形式美感和中国画浓墨泼彩的大写意风格（图3-62）。

图3-62　泼彩写意聚集浸染

2. 工艺流程

面料或成衣泡水脱水→根据图形设计操作手法→利用网架或平台放置面料或服装→不同方向和高低聚集定位→装入网袋冷水浸泡→染色→拆袋→整体防沾污皂洗（BP或815）→酸洗→柔软→烘干→检验→包装成品。

例如，棉织物活性染色工艺：

（1）前处理处方：815净洗剂0.5～3g/L、纯碱3～5g/L，在95～100℃的条件下处理30～60min。

（2）染色处方：活性红B-2BF，$x\%$；活性黄B-4RFN，$y\%$；活性蓝B-RV，$z\%$；元明粉40g/L；纯碱20g/L；在60℃的条件下染色40～60min（具体染色工艺流程参考常规染整工艺）。

（3）酸洗处方：冰醋酸0.5～1g/L；在室温条件下处理10min。

（4）皂洗处方：815净洗剂0.5～3g/L；在95～100℃的条件下处理10min。

（5）柔软处方：柠檬酸1g/L；柔软剂或硅油0.5～3g/L；在常温的条件下处理10min。

3. 主要技术过程（图3-63）

（a）材料准备　　　　　　　　（b）扎花一　　　　　　　　（c）扎花二

图3-63

（d）染色　　　　　　　　　　　　　（e）完成

图3-63　聚焦浸染工艺的主要技术过程

4.操作注意事项

（1）聚集浸染主要表现的是现代抽象纹理效果，染色过程中在做到色相准确的同时，还要兼顾整体风格。因此需要对染料进行配伍性筛选，优化工艺配方。

（2）影响图形风格效果的主要因素是聚集花形的大小和松紧、选用的染色方法、脱水的干湿程度、染色的运动速度、染色的时间长短、面料本身的毛细效应等。

（3）以棉织物活性染色为例，其染色方法主要包括泡水脱水聚集染色、泡水脱水聚集后再泡水染色、直接聚集干下法染色、直接聚集后泡水染色数种，选用何种方法需视图形设计的风格和面料毛细效应不同而定。

（4）聚集浸染脱水的干湿度和均匀度比较重要，生产流转过程中要注意聚集织物或成衣不能因风干造成整批干湿程度不一；聚集扎花花形的大小和松紧要根据产前样，并且保证整批大货统一。

（5）染色时按要求将水温升至60℃，然后加入过滤好的染料和元明粉等助剂搅匀，最后投放聚集扎花面料或成衣（注意及时搅动）。染色速度应按打样工艺员设定要求操作。染色过程中，打样工艺员和操作工要对染色过程进行监控，做到分次抽看花形效果，按需要及时调整染色的上染速度。

（6）打小样染色时间不要太长，一般为10～30min，对特深色可适当延长打样时间。皂洗时，为了达到产品白度或艳度要求，出缸前汰洗一定要充分，必要时增加酸洗工序，低温皂洗后再出缸，拆饼后整体进行防沾污皂洗。

二、注染工艺

（一）工艺原理及特点概述

注染工艺是在借鉴东西方绘画表现技法的基础上，与现代染整技术紧密结合的一种全新的艺术染整语言。它被广泛应用于天然纤维、化学纤维等各种机织、针织、交织、混纺面料的特种染色后整理中，工艺稳定并具有较高的产能，是二维面料平面图形再造和国产面料视觉创新开发应用较多的艺术染整工艺之一。注染工艺首先要根据图形设计，设定合适的工艺处理方法。对面料或成衣通过抓、扎、绞、缬、遮盖和聚集等手法，进行不同的物理防染定位处理，然后选用特制的工具将配制好的染液和助剂喷注、涂撒、浸拧、淋、刷在面料或成衣上。着色过程类似于画家挥毫泼墨，形成既有规律可循又能即兴发挥的五彩斑斓的抽象图形，最后通过固色、水洗、烘干等工序，形成具有现代艺术风格的图案。从本质上看，其染色原理与一般染整相同，只是在加工手段上有着较大的区别。

注染工艺的最大优点是无须制板，不受套色和常规染整设备的限制。按面料成分不同，选择、优化染料配伍和工艺设计，可以根据时尚创意选用多色染料，在面料或成衣上同步进行单色和多色交融的现代图形设计开发，能自由设计具象和抽象图案并进行不同的组合（图3-64）。通过注染泼彩形成的艺术面料图案，能表现出西方现代艺术的抽象构成、

图3-64　采用注染工艺的时尚连衣裙

印象派绘画艺术的光影效果，水彩画技法的水色交融和写意中国画彩墨淋漓的视觉效果，具有自由奔放、节奏感强的个性化审美特征，极具视觉冲击力。注染工艺变化多，生产可控性强，颜色搭配、纹理组合以及面料部位着色效果灵活可控，是一种具有柔性化生产优势、适应面宽、产能高和最接近现代绘画艺术的成熟工艺。注染工艺被广泛用于艺术时装、时尚面料、高档家纺与现代工艺美术创意、设计和生产中，有着快速响应市场流行、适应特殊面料实时定制需求的突出优点，成为近年来国内外主流时尚品牌运用最多的现代扎染工艺。

运动、休闲、户外、度假等时尚新消费，推动了注染工艺的技术进步。运用防染剂、拔色剂等染色助剂进行注染工艺创新，通过局部产生阻染作用形成全新的抽象肌理，获得丰富而独特的视觉效果。对此将在拔染章节着重介绍。

（二）工艺流程

例如，棉织物活性染色：

图形创意设计→配制注染刷色溶液→选择喷注工具→利用网架辅助工具放置面料或成衣→不同方向和高低聚集定位面料（或扎、抓、绞、包等组合）→注刷染液或加助剂→汽蒸发色固色（或焙烘）→后处理→冲洗→脱水→酸洗→皂洗→柔软→烘干→检验→包装成品。

（1）注染刷色溶液处方：

红色：活性红B-2BF，$x\%$；活性黄B-4RFN，$y\%$；碱剂20g/L；水1L。

黄色：活性红B-2BF，$x\%$；活性黄B-4RFN，$y\%$；活性蓝XP，$z\%$；碱剂20g/L；水1L。

蓝色：活性红B-2BF，$x\%$；活性蓝XP，$z\%$；碱剂20g/L；水1L。

注：x%、y%、z%代表不同颜色的染料用量。

（2）汽蒸工艺处方：98～105℃汽蒸10～20min。

（3）焙烘工艺处方：130～160℃焙烘3～6min。

（4）酸洗处方：冰醋酸0.5～1g/L；在室温条件下处理10min。

（5）皂洗处方：815净洗剂0.5～3g/L；在95～100℃的条件下处理10min。

（6）柔软处方：柠檬酸1g/L；柔软剂或硅油0.5～3g/L；在室温条件下处理20min。

（三）主要技术过程

1. 成衣注染螺旋形的主要技术过程（图3-65）

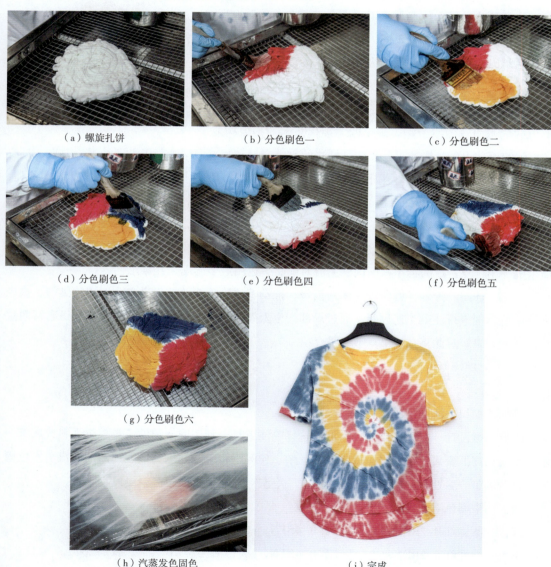

（a）螺旋扎饼　　　　　　　　（b）分色刷色一　　　　　　　　（c）分色刷色二

（d）分色刷色三　　　　　　　（e）分色刷色四　　　　　　　　（f）分色刷色五

（g）分色刷色六　　　　　　　　　　　　　　（i）完成

（h）汽蒸发色固色

图3-65　成衣注染螺旋形的主要技术过程

2. 乱花生物基染料注染的主要技术过程（图3-66）

（a）图形设计一　　　　　（b）图形设计二　　　　　（c）注染一

（d）注染二　　　　　（e）注染三　　　　　（f）汽蒸发色固色

（g）成品

图3-66　乱花生物基染料注染的主要技术过程

3. 涂料心形刷色的主要技术过程（图3-67）

（a）图形设计　　　　　（b）刷清花一　　　　　（c）刷清花二

图3-67

（d）平缝图形　　　　　　　（e）刷色一　　　　　　　　（f）刷色二

（g）刷色三　　　　　　　　　　　　（i）成品

（h）焙烘

图 3-67　涂料心形刷色的主要技术过程

（四）操作注意事项

1. 注染前处理注意事项

经泡水后的脱水织物，按脱水要求转速进行脱水处理。脱水后织物放置应避免风干；筛框托盘必须事前洗干净、检查是否完好，防止铁丝钩破织物；注染工具必须事前洗干净（图 3-68）。

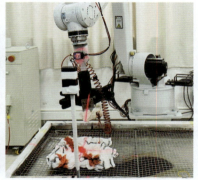

图 3-68　中国南通某艺术染整企业注染生产场景

2. 染料注染溶液配制注意事项

（1）活性染料溶液配制时加入小苏打，注意染料与小苏打应分开溶解后过滤入桶，不得放在一起溶解；溶解小苏打的水温不宜过高，防止其预先分解成纯碱。

（2）活性染料用热水（60～70℃）化料后，其余均应用冷水加至规定水量，以使注染溶液温度不致太高，减少染料水解；需要加入海藻的染液，需待所配溶液冷却后加入，以保证浆液的稠度。

（3）酸性染料及分散染料配制时尽量使用软水，没有条件时需在水中提前加入软水剂。

（4）分散染料化料时需用电动高速搅拌，使其充分溶解。放置一定时间后，采用高密网过滤后使用。

3. 染料注染汽蒸注意事项

（1）活性染料：常规汽蒸1kg×10min。对于有些注染发色分离严重的采取80℃×20min工艺。此类工艺打小样时可用纯碱取代小苏打。

（2）酸性、阳离子染料：常规汽蒸1.5kg×20min。在实际打样时，出于手感或其他原因，可以适当降压调节汽蒸温度［可用1kg×（10～20min）工艺］。

（3）分散染料：常规2kg×30min。

4. 注染操作及汽蒸操作注意事项

（1）注刷面料或成衣摆放整齐，避免刷色过程中交叉搭色。

（2）注染效果主要取决于对染液用量、浓度和面料含水量的控制，所以操作时要严格按工艺要求反复练习，做到心中有数。每次盛取染液前要养成及时搅拌溶液的习惯。

（3）汽蒸前蒸锅必须先预热，排除冷凝水，再放入注染织物进行汽蒸。注刷好的面料及成衣要及时汽蒸发色，长时间放置容易影响效果。

（4）及时清理托盘中的积液，并擦去托盘背部的水点；往托盘中放置筛框时，动作要轻并且放置平整。

（5）汽蒸发色出锅后，面料或成衣冲洗要充分，以去除浮色。筛框冲洗要干净。更换色组时，要将筛框用保险粉清洗后再使用。

5. 注染后处理工艺及要求

（1）活性注染刷色冲洗后需脱水拆线，再整体进行皂洗。通常皂洗为BP净洗剂2g/L，在100℃皂洗5～10min。

（2）皂洗必须对色。皂洗结束后，采用流水汰洗至较低温度后，排水汰洗，再酸洗→柔软→烘干→完成。

（3）酸性染料注染刷色冲洗后一般要进行固色处理。

（4）分散染料注染刷色汽蒸后，与染色一样，也要进行还原清洗或815清洗。注染工艺按发色的方法可以分为汽蒸发色类与焙烘发色类两种，汽蒸发色类是艺术染整运用最多的注染技术，也是本章节讨论的重点。

三、吊染工艺

吊染工艺是广受市场欢迎的特殊防染技法，可以使面料和服装成衣产生由浅渐深或由深至浅的渐变、柔和、宁静的视觉效果，与植绒、涂料印花、电脑绣花等工艺结合，传达出简洁、优雅、自然的审美意趣。

（一）工艺原理及特点概述

吊染工艺多用于精纺纯棉、真丝等比较高档的面料和成衣染色，选用环保型活性染料和酸性染料，在特殊的吊染设备中完成。染色时，根据面料或服装设计要求，使面料或服装着色的一头接触染液。染料的吸入主要依靠纤维的毛细管效应，随着毛细管效应上升的染液被吸附到纤维上，由于染料的优先吸附性，越向上的染液剩余染料越少，由此产生了一种由深到浅逐渐过渡的染色效果（图3-69）。在吊染中，很重要的一点是在染色的过程中，吊挂的染物必须上下摆动，以使染物的上色量尽量多。上色原理与一般染色相同，只是在加工手段上有着较大的区别。

该工艺与服装、艺术家纺等下游时尚产品结合比较紧密，能够紧随时尚流行的变化，根据品牌设计师和国际买手的特殊定制需要对市场做出快速响应。由于吊染工艺需在特种染色机中完成，工艺比较复杂，产能不大，所以吊染面料和服装工艺的附加值比较高。近年来，

图3-69　上下品牌吊染高级时装

随着国际许多著名品牌和时装设计大师在高级时装中的运用和发布，这种朦胧渐变的特殊染色技法，日益成为服装和家纺设计中的一种不可或缺的染整手段，也成为艺术染整的主要工艺语言之一。目前，吊染工艺更广泛地应用于精梳棉、真丝等各种高档的天然面料成衣，以及新型改性涤纶面料和成衣的深加工中。

随着国际纺织服装市场"工艺时尚化"的流行，通过吊染工艺整合、嫁接新型涂料印花工艺、静电植绒工艺、电脑绣花工艺、激光镂空工艺和电脑绣珠工艺，形成了以色调渐变为背景，现代印染、电脑绣花等工艺图案点缀其间的多工艺柔性化组合，延长了工艺价值链，满足了欧洲中高档工艺服装和国内高端纺织服装市场的需求，有着较高的工艺附加值和广阔的市场前景。

另外，顺应近年来欧洲主流服装市场流行色彩渐变的视觉形式，应用转移印花技术对新型改性涤纶面料（各种仿真丝面料）进行差别化工艺开发，也是吊染工艺创新的亮点。与面料下游的工艺品牌服装、家纺产品的设计和市场开发紧密结合，选择乔其纱、雪纺、涤麻等各种新型改性涤纶面料，运用转移印花技术进行横向仿真吊染，形成面料色彩渐变和多色相渐变的"新视觉"，极大地丰富了国产面料的花色品种（图3-70）。

图 3-70　品种丰富的吊染时尚女装

（二）工艺流程

效果图设计→工艺设计→上夹→吊挂→染色→酸洗→皂洗→柔软→烘干。

（1）染色处方：活性红 B-2BF，$x\%$；活性黄 B-4RFN，$y\%$；活性蓝 B-RV，$z\%$；元明粉 40g/L；纯碱20g/L；在60℃的条件下染色40～60min（具体染色工艺流程参考常规染整工艺）。

（2）酸洗处方：冰醋酸0.5～1g/L；在室温条件下处理10min。

（3）皂洗处方：815净洗剂0.5～3g/L；在95～100℃的条件下处理10min。

（4）柔软处方：柠檬酸1g/L；柔软剂或硅油0.5～3g/L；在室温条件下处理20min。

（三）主要技术过程（图3-71）

（a）染前泡水处理　　　　　　　　　　　　　　　（b）上夹一

图 3-71

（c）吊挂染色一

（d）反向折叠

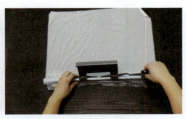
（e）上夹二

（f）吊挂染色二

（g）成品

图 3-71　吊染的主要技术过程

（四）吊染主要工艺形式

吊染也称过渡染，从视觉形式上可分为正过渡、倒过渡、侧过渡、斜过渡等；从工艺上区分为一次过渡、多次过渡、叠加过渡等。过渡区域一般称为过渡带，应该根据设计要求确定过渡带的长短和操作方法。

图 3-72　过渡带比较长的浅色弱对比吊染效果

（1）过渡带比较长、过渡比较均匀和颜色较浅的吊染（图 3-72）。过渡带比较长的可长达 60 ~ 70cm，在确定过渡带长度后，将整个过渡带分为深、中、浅三个区并标注记号，使过渡带分成几个相对小的过渡区。这样可方便操作工准确、统一在固定的时间使上染的过渡位置相同或相近，从而使过渡效果相对一致（浅色吊染多采取一次往复递升工艺）。

（2）过渡颜色比较深、浅色区颜色比较浅的吊染（图 3-73）。为了避免浅色区过早上色，可以通过延缓加入助剂、延长染色时间、降低染料浓度等工艺参数设计，获得相对自然的过渡效果（深色多采取多次往复递升的工艺）。

（3）特殊效果的吊段染（图 3-74），过渡带只有 8 ~ 10cm 的吊染，只需上下来回做即可。对于段染视觉效果的吊染，只有很窄的过渡区，同时深色区和中色区颜色区别也很小，俗称"吊段染"。操作时，只要在过渡位置向下 5 ~ 6cm 来回做即可，停顿会产生深色条杠。对于过渡带长的吊段染，操作时要注意多次将中、深色区吊离染液，否则会因长时间浸在染液中而产生色花现象。图3-75为吊染时的工作情景。

图3-73　过渡颜色较深的强对比吊染效果

图3-74　中间无过渡区的特殊吊段染

图3-75　中国南通某艺术染整企业吊染生产情景

（五）操作注意事项

一般来说，吊染工艺以全棉为主。近年来，吊染工艺开始涉及真丝、羊毛、腈纶、仿羊绒、粘胶、尼龙等多种面料。吊染工艺不仅颜色要准，而且对过渡带颜色的深浅、色光和晕色层次都有较高的要求，应根据面料成分（全棉、涤棉、粘胶、尼龙、毛腈、丝绵等）确定活性染色、酸性染料或阳离子染料等。

（1）成衣吊染前上夹子，做好记号尤为关键。选用梯形架上夹时，一定要把衣服绷紧于吊染区水平放置，防止弯曲形成弧形过渡带；选用直板上夹，要注意平直及左右对称；长袖衣服将木板夹在袖子与大身之间，形成区隔以增加染液渗透。因面料染色后存在一定的缩率，生产时应根据打样记录做好记号。

（2）活性吊染操作时，和成衣染色一样，先加软水剂，搅匀后再加其他助剂和染料，活性吊染时间一般为10～30min。对于厚质面料、毛效较差的面料和易产生条花的面料，染色时染料和元明粉采取分开加工的方法，适当降低染料用量，延长染色时间，增加染料的渗透性。染浴中加入元明粉和纯碱时，注意不能碰到衣服，否则会产生色斑。对版后，先挂缸汰洗再酸洗，然后再挂缸皂洗。挂缸皂洗一定要到位，特别是白底翠蓝系列过渡，挂缸皂洗时间要长，否则容易造成浅底色部位沾色。

（3）真丝、羊毛吊染时，注意加螯合剂作为软水剂，并加配匀染剂、缓染剂、渗透剂。在低温时加一部分促染冰醋酸，将pH值控制在4.5～5。真丝、羊毛吊染与活性吊染有所区别，应先确定可操作的水位，然后根据织物的重量推算浴比，再根据浴比对织物重新计算染料用量。吊染时先低温做好整个过渡带，然后缓慢升温，至80℃时对一下色。如颜色比较浅的话，可加酸染至90℃再对色，染色时间一般要比活性染长1～1.5h。对好色版后汰洗固色，再卸夹做柔软处理。真丝柔软时柔软剂用量1～2mL/L，不能太高，否则容易产生纰裂。

（4）锦纶吊染，可选用汽巴的兰纳洒脱染料，这是改良的 1：2 型金属络合与活性染料的混合物。它们大多为中性染料，染浴中不宜直接加酸，选用释酸剂为好，如硫酸铵、醋酸铵。其工艺和操作方法同真丝吊染。

（5）脱水时要按色的深浅部位排放整齐，防止深浅搭色；烘干时要控制好温度和时间，温度过高或时间过长会使真丝产生灰伤或使羊毛缩绒。

（6）吊染机在大批量生产之前，必须将吊染机缸体保烫洗净（保险粉），否则会影响成衣上色甚至引起色花。

图 3-76　具有特殊残缺美的段染高级成衣

四、段染工艺

（一）工艺原理及特点概述

段染工艺是运用辅助材料和段形扎染方法，对面料、成衣和家纺产品进行扎、捆、包等物理防染和浸染染色，形成单色或多色的自由组合，是一种表现段形图纹残缺美的艺术染整工艺。与机械喷染形成的段染风格不同，手工扎花形成的段纹图案充满了原始、手工、随意、浪漫的乡村风情，传达出浓郁的时尚气息，成为广泛应用于面料、服装和家纺设计开发的特种染色工艺。段染工艺以天然纤维的棉、麻织物面料为主要载体，工艺图形以自然段纹残缺美为特色，抽象有力，朴实并富于变化（图 3-76）。段染工艺可以根据服装设计师、家纺设计师产品开发的设计需要，也可以根据国际买手对图形风格和色彩搭配的选择进行设定，还可以与其他涂料印花、电脑绣花等工艺进行综合创意，衍生出无数种新的设计方案。近年来，随着时装设计大师和世界著名品牌在高级时装中的大量运用，段染工艺在全球范围内迅速传播，在运动休闲、户外休闲、时尚牛仔、工艺时装和家用纺织品的艺术后整理中广泛流行。

段染工艺比较适合于纺织面料下游的工艺时装、户外运动、休闲服装和艺术家纺产品开发。由于采用浸染方法的段染工艺对面料长度有一定的限制，所以面料的生产数量不大。段染工艺更多被应用在与时尚终端产品紧密联系的"段长"面料和成衣后整理中，具有多品种、小批量和高附加值的特点。值得注意的是，段染面料图形边缘特殊的残缺美呈现出随意、浪漫的乡村风格，与蜡染工艺的冰裂纹异曲同工，是一种"有意味的形式"。积淀其中的历史感和手工艺传统的文化意蕴，是现代工业印染和其他工艺方法无法替代的（图 3-77）。

图 3-77　段染时装

（二）工艺流程

例如，棉T恤白底扎塑袋保护染活性染色：

图形设计→印清花→段纹扎花定位→扎塑袋保护→（前处理）→泡水→染色→（酸洗）→皂洗（高温与低温）→汰洗→脱水→拆袋（按要求摆放，减少沾色）→整体防沾污皂洗→酸洗→柔软→烘干n次（可根据段染的颜色数来决定）。

（1）染色处方：活性红 B-2BF，$x\%$；活性黄 B-4RFN，$y\%$；活性蓝 B-RV，$z\%$；元明粉 20g/L；纯碱10g/L；在60℃的条件下染色40~60min（具体染色工艺流程参考常规染整工艺）。

（2）酸洗处方：冰醋酸0.5~1g/L；在室温条件下处理10min。

（3）皂洗处方：815净洗剂0.5~3g/L；在95~100℃的条件下处理10min。

（4）柔软处方：柠檬酸1g/L；柔软剂或硅油0.5~3g/L；在室温条件下处理20min。

（三）主要技术过程

1. 段染的主要技术过程（图3-78）

（a）材料准备　　　　　　　　（b）扎花

（c）扎花完成图

（d）染色　　　　　　　　（e）成品

图3-78　段染的主要技术过程

2. 白底扎段保护染的主要技术过程（图3-79）

段染分为多次叠色段染、染底后扎段保护染和白底扎段保护染三种。无论采取何种段染形式，段染工艺一般都要求染后边界分明、段纹防染区没有渗透色（特别设计除外）。其工艺关键点一是段纹扎花要紧，二是冷水浸泡要充分，三是染浴过程的运动速度及时间控制要到位。

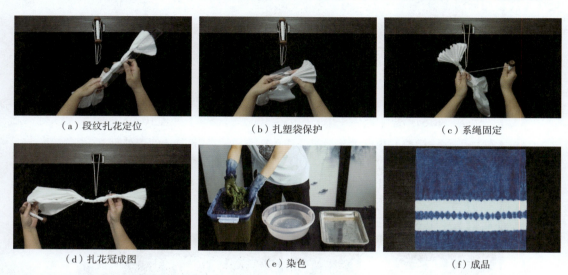

（a）段纹扎花定位　　　　　　（b）扎塑袋保护　　　　　　（c）系绳固定

（d）扎花冠成图　　　　　　（e）染色　　　　　　（f）成品

图3-79　白底扎段保护染的主要技术过程

（四）操作注意事项

（1）泡水时注意每件衣服要泡足水，并将保护在塑料袋里的面料浸透，染色时才能使染液不易渗入保护层，不致造成透色。

（2）干扎法通常需要对面料或成衣进行前处理，泡冷水时间要长，湿扎法泡水时间可以相对缩短一些。

（3）段染颜色较深时泡水时间要长一些，浅色可适当缩短泡水时间。

（4）泡足水后染色要及时，不能放置时间过长。手工染色时搅动不能间断，速度要均匀；滚筒染色时注意控制好转速，一般在加料、加助剂时转速要适当快些，但要保证布面或衣身不发生色花的情况。染色过程中，助剂需化开再加入，并控制染色时间（小样打样时间一般10～30min）。

（5）染色过程中要根据工艺设计要求提前对版，对版皂洗要充分，防止因皂洗不够影响对色。对版时不能脱水，防止塑料防染纸破损，形成段纹色污染。

（6）染后汰洗一定要充分，然后酸洗、皂洗。一般根据面料及颜色深浅决定是低温皂洗还是高温皂洗，目的是防止皂洗透色。

（7）后处理的关键问题是防止皂洗沾色。需事先做好准备工作（助剂、缸、水），在保证桨叶机运转状态下，将衣服逐件投入缸中，高温皂洗10min后对色。皂洗后汰洗，注意不能直接先排水，而应先进冷水并采用较长时间的溢流汰洗。

五、拔染工艺

（一）工艺原理和特点概述

拔染工艺是在已经染好的面料和成衣上，根据图形设计的要求采用扎花和聚集手法，把面料或服装的一部分保护遮蔽起来，再把氧化还原剂或浸或喷或洒到局部被保护起来的面料或服装上，借助其氧化还原性能对染料的破坏消色作用，消除未经保护的局部颜色，形成白色或浅色的艺术染整图形（图3-80）。

拔染工艺被广泛应用于灯芯绒、牛仔布、斜纹棉布、3030棉布、针织T恤衫、色织布等各种天然纤维有色面料和成衣视觉创新的二次开发中。通过不同的聚集工艺与不同的拔色助剂组合进行多种工艺设定，使普通的面料或成衣外观呈现出陌生化、新奇感的图形视觉效果，这是拔染工艺独特的艺术表现。与聚集浸染面料浅底深花视觉效果相反，拔染工艺面料呈现出深底浅花和斑驳无序的抽象图形，具有类似西方涂鸦的新朋克风格，满足了休闲运动和现代家纺市场创新求变的消费需求，受到国内外时尚设计师和青年潮人的欢迎，成为面料服装市场前卫、街头等个性化时尚的代言词（图3-81）。

图3-80 拔染工艺女装　　　　　　图3-81 拔染工艺时尚、前卫的视觉创意

（二）工艺流程及主要技术过程

拔染工艺以活性染色面料为底布，主要有次氯酸钠拔染与保险粉拔染两种。

1. 次氯酸钠拔染工艺

工艺流程：图案设计→面料准备→染色→水洗→烘干→按图聚集或抓绕或平铺→拔染（浸、注、刷、喷、洒等）→冲洗→脱氯（大苏打3g/L，室温20min）→充分汰洗→高温烫洗→

柔软→烘干。

（1）用量：视打样效果和生产稳定性操作确定，一般在10～20g/L。

（2）温度：60℃（从理论上讲，高温且中性环境下容易降低次氯酸钠拔染强度，需特别注意）。

（3）时间：10～20min为宜（打样时要考虑所拔色相的稳定性，确定拔染剂的用量及拔染时间）。

主要技术过程：以纯棉针织T恤为例（图3-82）。

（a）材料准备　　　　　　　（b）刷拔色助剂　　　　　　　（c）刷拔色剂完成效果

（d）脱氯　　　　　　　　　　　　　（e）成品

图3-82　次氯酸钠拔染工艺主要技术过程

2. 高锰酸钾拔染工艺

工艺流程：前处理→染底→皂洗→酸洗→烘干→放射条状抓花→刷拔→焦亚洗→汰洗→酸洗→柔软→烘干→功能性整理→检验→包装成品。

（1）前处理处方：815净洗剂0.5～3g/L；纯碱3～5g/L；在95～100℃的条件下处理30min。

（2）染底处方：活性红BB，$x\%$；活性黄SRN，$y\%$；活性蓝XP，$z\%$；元明粉50g/L；纯碱20g/L；在60℃的条件下染色40～60min（具体染色工艺流程参考常规染整工艺）。

（3）酸洗处方：冰醋酸0.5～1g/L；在室温条件下处理10min。

（4）皂洗处方：815净洗剂0.5～3g/L；在95～100℃的条件下处理10min。

（5）刷拔处方：高锰酸钾25g/L；在室温条件下处理40min。

（6）焦亚洗处方：焦亚4g/L；在室温条件下处理10～20min。

（7）柔软处方：柠檬酸1g/L；柔软剂或硅油0.5～3g/L；在室温条件下处理20min。

主要技术过程：以纯棉针织T恤为例（图3-83）。

（a）材料准备　　　　　　　　（b）图形设计　　　　　　　　（c）刷高锰酸钾

（d）脱氯　　　　　　　　　　　　　（e）成品

图3-83　高锰酸钾拔染工艺主要技术过程

3. 保险粉拔染工艺

工艺流程：扎花或装网袋→泡水（充分）→拔染→冲洗→高温烫洗（1~2遍）→双氧水中和→充分汰洗—拆线→脱水→柔软→烘干。

（1）用量：视打样效果和生产稳定性操作确定，一般在0.1~3g/L。

（2）温度：95~100℃。

（3）时间：3~8min为宜（太短难以控制色相稳定性，太长不利于车间操作）。

主要技术过程：以纯棉针织T恤衫为例（图3-84）。

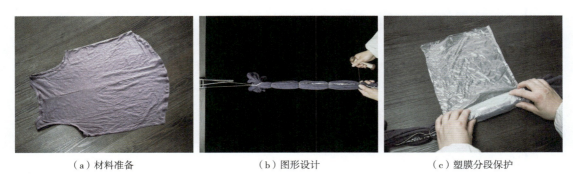

（a）材料准备　　　　　　　　（b）图形设计　　　　　　　　（c）塑膜分段保护

图3-84

（d）分段保护完成图

（e）拔色前处理

（f）高温烫洗

（g）汰洗完成

（h）成品

图 3-84　保险粉扎段保护拔染工艺主要技术过程

（三）操作注意事项

拔染后汰洗一定要充分，要确保织物没有残留的拔染剂，否则会影响套染的色光和织物牢度。

六、喷染工艺

（一）工艺原理和特点概述

喷染作为艺术染整的辅助工艺，主要借鉴平面设计广告的喷绘原理，选用适合的喷枪（配空气缩压机）、配制环保型超细涂料或拔染剂、染料，在经过现代扎染聚合工艺前处理的各种面料或成衣上，进行图形创意喷染、拔染，创造出新的视觉外观（图 3-85）。喷染工艺图案无须制板，但在喷染过程中，操作人员的技术水平和艺术修养，决定了喷染作品的质量和品位。

喷染工艺选用 G 型安全型超细涂料（环保型），也可以根据面料手感的不同要求选用特软型涂料，并与一定配比的水、黏合剂和增稠剂配制的喷涂液，直接在聚集处理的面料上喷绘进行，无须后整理。喷染工艺具有节能、节水、短流程和清洁化生产的优点，是一种经济、灵活、柔性化的面料后整理工艺。通过对面料或成衣进行横向、纵向、疏密、高低等不同方向的聚集处理，形成自然多变的防染区。涂料喷染工艺既能以单色涂料喷绘制作抽象图案，又能在面料或成衣上进行多次聚合和数次喷色，构成丰富多彩、生动活泼的图案，达到面料视觉创新的目的。经喷染工艺进行视觉创新后整理的面料，一般不需要特殊后整理，适用于各种天然纤维、化学纤维的机织、针织、交织、混纺和非织造、PU面料的深加工，是一种适合另类休闲风格面料、成衣设计开发，节水、节能的经济型绿色后整理技术。

此外，运用喷拔工艺对面料进行扎染聚集前处理，图案形成原理与喷染涂料工艺原理相同，不同点在于喷染涂料工艺属于"加法"，喷拔工艺属于"减法"。喷拔工艺常用于天然面料织物，如靛蓝牛仔面料、可拔性活性染色的各种机织、针织休闲面料，以及工艺时尚服饰的视觉创新和二次开发。通过对原面料的底色进行喷拔处理，使单调的普通面料或成衣外观呈现出丰富多变的抽象图形，或"翻新"成为适应市场流行和服装设计师需要的全新时尚面料或成衣（图3-86）。

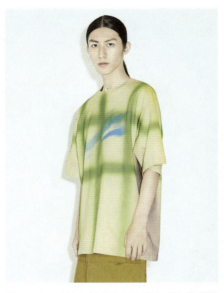 

图3-85　喷染工艺成衣具有清爽明快的视觉 特点　　　　　　　　　　　　图3-86　采用喷染工艺制作的时尚女装

（二）工具准备

主要工具有喷枪、涂料或拔染剂等。

（三）工艺流程

图形设计→成衣或面料准备→或悬挂或平摊或聚集→按设计喷色（涂料或拔染剂）→着色（拔）后处理→洗涤→烘干→检验→包装成品。

1. 涂料喷色工艺处方

涂料红G-18，$x\%$；涂料黄G-22，$y\%$；涂料蓝G-31，$z\%$；黏合剂10～30g/L；增稠剂10～30g/L（乳化糊）；水1L充分搅拌均匀后过滤使用。

2. 涂料酵素洗工艺处方

酵素水0.5～1g/L；快速洗涤10～30min（1000～2000r/min）。

（四）主要技术过程

1. 骨位喷染的工艺流程（图 3-87）

（a）超柔性涂料喷色

（b）焙烘

（c）成品

图 3-87　骨位喷染的主要技术过程

2. 渐变不均匀喷染的工艺流程（图 3-88）

（a）成衣悬挂

（b）超柔性涂料喷色一

（c）超柔性涂料喷色二

（d）焙烘

（e）成品

图 3-88　渐变不均匀喷染的主要技术过程

（五）操作注意事项

次氯酸钠喷拔后整理工艺同前。

七、植物染工艺

（一）工艺原理及特点概述

"植物染"是一种选用天然植物染料进行面料或成衣染色的技术，作为中国传统的织物染色方法，具有天然、环保和工业染整无法表现的文化性。植物染色是指从大自然中自然生长的各种含有色素的植物中提取染料，在媒染剂的作用下对被染物进行染色的一种传统工艺。使用天然染料染色，同时在染色过程中不使用或极少使用化学助剂，因而具有绿色生态的突出优点，有着很好的发展前景。近年来，我国染整科技人员运用现代科学技术对天然染料进行综合性的开发应用，形成了植物染色技术由传统的单一靛蓝风格向彩色植物染多元发展的良好态势。艺术染整彩色植物染工艺以丝、毛、棉、麻等天然纤维面料和成衣为载体，以浸染工艺为主。具象花形以传统绞缬的扎粒、缝绞、伞卷、段纹工艺为主，抽象花形以云纹绞、龙绞、折叠工艺为主。由于彩色植物染料色谱不广、色泽偏暗、色牢度较低，纯度也没有活性染料和酸性染料高，因此，应该扬长避短，运用植物染色工艺纯度偏低、含灰色相这一特征，表达出高级、典雅、和谐的美感特质，通过与天然面料和传统精致绞缬工艺的巧妙结合，聚焦绿色细分市场，服务匹配的品牌风格和目标客户。

图 3-89 运用彩色植物染色工艺的高级成衣

提高彩色植物染色工艺表现力的另一种设计方法，还可以结合不同品牌的风格定位，充分发挥艺术染整工艺的集成化优势，通过拼贴、绣补异质面料、电脑绣花、女红和环保印花等工艺，结合产品设计创意，与植物染形成同类色、对比色、面积对比、明度对比等多样统一的构成形式与配色方案，达到丰富彩色植物染产品，提高植物染色彩整体表现力的视觉效果（图3-89）。

（二）工艺流程

面料或成衣扎花→泡水→染色→后整理→柔软→烘干。

1. 染色处方

植物染料西瓜红，$x\%$；从40℃始染，30min内升温至80℃，加入媒染剂后保温5min，20min内升温至90℃，保温30min。

2. 皂洗处方

中性洗涤剂0.5～2g/L；在80～90℃的条件下处理10min。

3. 柔软处方

柠檬酸1g/L；柔软剂或硅油0.5～3g/L；在室温条件下处理20min。

（三）主要技术过程（图3-90）

（a）扎花预泡水　　　　　（b）染色加料　　　　　（c）染色

（d）拆线　　　　　（e）皂洗　　　　　（f）柔软

（g）成品

图3-90　植物染的主要技术过程

（四）操作注意事项

（1）染料需用25～30倍的热水充分溶解并过滤后使用。

（2）植物染对染浴pH值敏感，染浴PH对颜色及上染率均有明显的影响，一定要严格按照打样的pH要求。

（3）扎花花形的大小和松紧、染色升温速率要根据产前样控制好，染时运动速度的快慢根据效果的要求及时调整，保证整批大货的统一。

（4）整个流转过程要及时，过程中注意将衣服封闭好，防止风化。

（5）植物染色的成品耐光牢度不好，存放时注意要用黑色遮光袋保存。

八、生物基染料染色工艺

（一）工艺原理及特点概述

生物基染料染色是采用生物基染料进行的化学染色过程（又称有机染料）。生物基染料主要成分来源于自然界天然废弃物，经过生物化学反应形成，含95%色素、5%植物基分散剂及填充物。主要特性与优点是无毒，可以用水无限稀释，有良好的堆积度，能基本达到大自然色彩的饱满效果；色泽以复合色占多数，颜色具有从黄色到黑色且从鲜艳色到暗旧的完整系列的特征，其最大特点是中间色占多数，这些中间色基本上是单色组分，着色重现性良好，特别是绿色、橄榄绿色、肉色、棕色和灰色系列，在纺织染色中能获得较好的综合色牢度。用有机染料染色的织物能在主色调的基础上表现出天然植物的色调和欧洲风格的特色。

（二）工艺流程

面料或成衣扎花→泡水→染色→后整理→柔软→烘干。

1. 染色处方

有机妖姬兰，x%；从40℃始染，20min内升温至65℃，加入还原剂后保温5min，15min内升温至80℃，保温15min。

2. 酸洗处方

冰醋酸1g/L；在室温条件下处理10min。

3. 氧化处方

双氧水2g/L；在室温条件下处理10min。

4. 皂洗处方

中性洗涤剂0.5～2g/L；在80℃的条件下处理10min。

5. 柔软处方

柠檬酸1g/L；柔软剂或硅油0.5～3g/L；在室温条件下处理20min。

（三）主要技术过程（图3-91）

| （a）染液配制 | （b）染色一 | （c）加入还原剂 | （d）染色二 |

| （e）酸洗、氧化、皂洗一 | （f）拆线 |

| （g）酸洗、氧化、皂洗二 | （h）柔软 | （i）成品 |

图3-91 生物基染料染色的主要技术过程

（四）操作注意事项

（1）生物基染料有浴中还原和干缸预还原两种方法，具体根据染料特性结合打样试验的情况来定。

（2）碱剂和还原剂用量根据各自染料的还原电位值调整，确保有机染料呈现出隐色体状态，同时注意避免过度还原，有些染料在过度还原后分子结构会被破坏，导致颜色变化。

（3）各个生物基染料根据其不同的特性，对应各自适宜的染色温度，一定要按照工艺要求控制好升温速率及染色温度。

（4）染色时设备要加盖，染色的运动速度不宜过快，应减少空气氧化。

（5）浴中还原时还原剂要求用60～70℃水完全溶解后方可加入。

（6）出缸前氧化、酸洗一定要充分，深色需增加皂洗后再出缸，拆线后整体进行酸洗和防沾污皂洗。

九、冷染工艺

（一）工艺原理和特点概述

冷染工艺是选用超细涂料通过加入一定量的黏合剂、交联剂和水，在湿热烘干状态下涂料吸附于纤维表层，形成独特的视觉效果。通过特殊的处理工艺，使成衣具有明显的洗旧效果，成衣接缝处形成浅色骨位线，织物里浅外深，具有原始粗犷、回归自然的独特风格（图3-92）。根据后整理的不同，可分为冷染、反面冷染、扎花冷染、泡泡冷染和冻染等。冷染工艺广泛适用于棉、麻、真丝、羊毛、人棉、涤棉等混纺面料，不同面料的组织、织造和成分对冷染肌理效果有较大的影响，不同款型结构、缝制辑线和局部配件也影响着冷染成衣的视觉外观，呈现别样的风格。

图3-92　运用冷染工艺的女装

（二）工艺流程

前处理→烘干→垫线→浸泡→脱水→烘干→高温烘干→柔软→烘干。

1.涂料冷染处方

涂料红G-18，$x\%$；涂料黄G-22，$y\%$；涂料蓝G-31，$z\%$；黏合剂$10\sim30$g/L；水1L充分搅拌均匀后过滤使用。

2.高温烘干工艺

100℃烘干50min。

3.柔软处方

柠檬酸1g/L；柔软剂或硅油$0.5\sim3$g/L；在室温条件下处理20min。

（三）主要技术过程（图3-93）

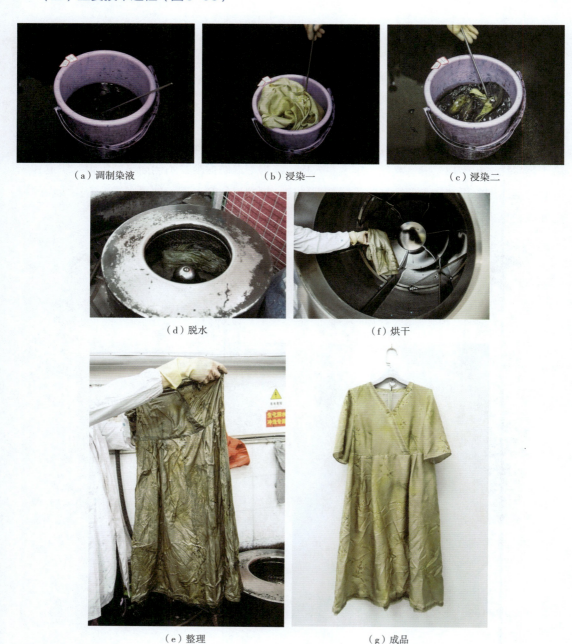

（a）调制染液　　　　　　　　（b）浸染一　　　　　　　　（c）浸染二

（d）脱水　　　　　　　　　　　（f）烘干

（e）整理　　　　　　　　　　　（g）成品

图3-93　冷染的主要技术过程

（四）操作注意事项

（1）不同厚度、不同成分的面料镶拼在一起做冷染，镶拼处边缘易出现深圈现象。

（2）原料要求毛效均匀一致，防止局部清洗，否则易出现水斑、深斑等异常现象。

（3）选用面料毛感不能太强，尽量使用布面较光洁的面料做冷染。有肌理感的面料做冷染效果比较明显，如真丝顺纤绉布、全棉杨柳绉布、竹节绉布等，但涤纶顺纤绉布效果不是很明显。

（4）冷染操作过程中忌碰到水渍等。

十、其他工艺

（一）炒雪花工艺

1. 工艺原理及特点概述

利用纺织纤维染色的染料特性，通过特殊化学后处理，将反应溶液均匀地洒在干燥的沙粒、球具等材料上，通过机缸转动，使材料与成衣表面接触摩擦，通过反应剂对摩擦点形成氧化，使布面呈现均匀、不均匀或不规则的斑驳霜花状的一种后处理方法。可分为均匀炒雪花和不均匀炒雪花（斑驳炒雪花），适用面料有棉、麻、人棉、牛仔。

2. 工艺流程

垫线→前处理→染底→皂洗→酸洗→柔软→拆线→烘干→炒雪花→焦亚洗→汰洗→柔软→烘干→功能性整理→检验→包装成品。

棉织物炒雪花工艺：

（1）前处理处方：815净洗剂0.5～3g/L；纯碱3～5g/L；在95～100℃的条件下处理30min。

（2）染底处方：活性红BB $x\%$；活性黄SRN $y\%$；活性蓝XP $z\%$；元明粉50g/L；纯碱20g/L；在60℃的条件下染色40～60min（具体染色工艺流程参考常规染整工艺）。

（3）酸洗处方：冰醋酸0.5～1g/L；在室温条件下处理10min。

（4）皂洗处方：815净洗剂0.5～3g/L；在95～100℃条件下处理10min。

（5）炒雪花处方：高锰酸钾25g/L；磷酸25g/L；在室温条件下处理10min。

（6）焦亚洗处方：焦亚4g/L；在室温条件下处理10～20min。

（7）柔软处方：柠檬酸1g/L；柔软剂或硅油0.5～3g/L；在室温条件下处理20min。

3. 主要技术过程（图3-94）

（a）材料准备　　　　　　　（b）前处理　　　　　　　　（c）炒雪花一

图3-94

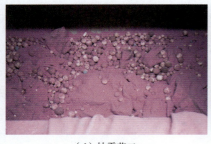

（d）炒雪花二　　　　　　　　　（e）汰洗　　　　　　　　（f）成品

图 3-94　炒雪花工艺的主要技术过程

4. 操作注意事项

（1）摩擦轻重不一容易产生效果偏差和色相差异。

（2）不均匀炒雪花会有程度不同的斑状和白点现象。

（3）染底色需根据炒雪花后的色相选择合适的染料配伍，保持小样、中样、大货选择相同染料，染色调色所用染料也要统一，避免使用不同配伍染料调色。

（4）如果面料较硬，炒雪花的成衣在大身、袖子侧缝会出现明显的"白杠"。

（5）对于炒雪花白度高、效果重的品类，面料强力要好，否则易产生破损。

（二）烂花工艺

1. 工艺原理及特点概述

利用纺织纤维的化学特性，通过特殊化学后处理，选用腐蚀性的化学药品对混纺类纤维进行处理，使其中一种纤维被化学药剂破坏，另一种纤维不受影响，从而在布面形成通透、朦胧、膨松、柔软风格的一种处理方法。面料组织、织造和成分的不同，对烂花效果影响较大。适用面料，涤棉CVC混纺。

2. 工艺流程

垫线→前处理→染底→酸洗→皂洗→脱水→拆线→烘干→浸泡烂花溶液→脱水→烘干→碱洗→柔软→烘干→功能性整理→检验→包装成品。

棉织物烂花工艺：

（1）前处理处方：815净洗剂0.5～3g/L；纯碱3～5g/L；在95～100℃条件下处理30min。

（2）染底处方：活性黄SRN，$x\%$；活性蓝XP，$y\%$；元明粉20g/L；纯碱10g/L；在60℃的条件下染色40～60min（具体染色工艺流程参考常规染整工艺）。

（3）酸洗处方：冰醋酸0.5～1g/L；在室温条件下处理10min。

（4）皂洗处方：815净洗剂0.5～3g/L；在95～100℃条件下处理10min。

（5）烂花溶液处方：硫酸30g/L；在烘干温度70℃条件下处理10～40min。

（6）碱洗处方：纯碱2g/L；在室温条件下处理10min。

（7）柔软处方：柠檬酸1g/L；柔软剂或硅油0.5～3g/L；在室温条件下处理20min。

3. 主要技术过程（图3-95）

（a）浸泡　　　　　　　　　（b）脱水一

（c）脱水二　　　　　　　　（d）烘干　　　　　　　　　（e）成品

图3-95　烂花工艺的主要技术过程

4. 操作注意事项

（1）在骨位部位有明显"烂花"较重的现象。

（2）面料宜采用55/45棉涤面料，涤棉两种成分染色尽量考虑对比色，比如涤染深色棉做浅色或涤染浅色棉做深色，或涤棉做异色双色染色，形成烂花图形与底色的对比。一般不宜做同类色染色，否则烂花效果不好。

（3）烂花过的成衣因棉成分受到助剂的腐蚀，虽然经过水洗后处理，但成品还会出现掉棉屑的现象，对水洗牢度也有一定的影响。对于水洗牢度要求高的烂花工艺，建议做染涤面料的烂花。如果一定要做染棉烂花工艺，需要注意烂花不能过重。

第四节　三维肌理记忆成型技术

面料三维记忆成型再造工艺，是近年来比较流行和应用较多的一种艺术褶皱成衣后整理技术，广泛应用于新型改性涤纶面料和含涤40%以上的交织、混纺面料视觉创意的设计开发，成为我国个性化、工艺化时尚服饰、艺术家纺和文创产品开发的亮点。面料三维记忆成型工艺主要包括步进式热敏辅料记忆成型工艺、绞缬、聚集转移印花工艺、机械褶裥成型工艺、绞缬喷染汽蒸定形工艺和手工纸模定型工艺等。

一、三维记忆成型面料选择

三维记忆成型工艺选用的面料，一般以新型改性涤纶面料为主，从季节上可以分为春夏薄型面料和秋冬厚质面料两大类。选择面料时，要积极采用国产新型面料并进行优化试验，从中筛选出肌理丰富、功能互补、成型记忆好、性价比高的国产面料替代进口；创设科学和便于检索的技术参数数据库，建立能满足国内外流行趋势的开放式面料实验模型；不断开发新的面料花式品种，适应细分市场新需求；要重视国产改性涤纶面料特别是涤纶再生纤维在面料功能性、舒适度、环保性和审美风格方面的最新进展，通过染整科技创新与"中国智造"，突破进口面辅料的工艺壁垒，通过提高国产面料品质降低成本，提高三维记忆成型面料和中国服装品牌的市场竞争力。

二、三维肌理记忆成型原理与方法

（一）热敏辅料记忆成型工艺

1. 工艺原理和特点概述

热敏辅料记忆成型工艺是根据设计要求，通过电脑设计软件和电脑绣花机，将面料、服装衣片或成衣与热敏材料进行贴合后，按设计图案绗缝定位，再经热敏定型机高温挤压，利用热敏辅料在高温中强烈收缩的性能，带动面料或服装按绗缝定位形状同步收缩，形成具有浮雕艺术风格新的立体花形。运用该工艺对国产普通面料进行艺术再造具有以下优势：一是能够产生无数种花形图案的变化，满足市场和个性化的消费需求；二是可以根据市场流行趋势的变化和面料下游服装、家纺企业新产品开发需要，配合设计师进行创意开发和即时定制，改变我国面料生产企业产品开发与服装、家纺等终端产品设计开发关联度不高、时尚性滞后的问题；三是将热敏辅料记忆成型工艺与转移印花、现代扎染注染工艺或贴布攘拼工艺等组合，创造出更多具有中国原创的"专精特新"工艺、面料和高端时装产品（图3-96）。

图3-96 运用三维记忆成型工艺制作的成衣

2. 工具准备

有电脑绣花机、热敏辅助材料、步进式热敏定形机等工具。

3. 工艺流程

图形设计→面料或服装的准备→面料或服装与热敏材料的贴合→热敏定形机热处理→后处

理→拆线→检验→成品。

4. 主要技术过程

以提花改性涤丝女装为例（图3-97）。

（a）面料与热敏材料贴合　　　（b）电脑绣花　　　（c）热敏记忆成型

（d）后处理　　　（e）拆线　　　（f）切割修边

（g）成衣制作

（h）熨烫　　　（i）成品

图 3-97　水溶热敏工艺的主要技术过程

（二）绞缬、聚集转移印花工艺

1. 工艺原理及特点概述

绞缬、聚集转移印花工艺，是采用一些传统绞缬或现代聚集手法，对面料或成衣的平面状态

进行变形整理，然后保持变形状态喂入转移印花机（成衣应用液压式转移印花机转印定形），再将转移印花纸上的花纹转印到面料或服装上。面料或服装经过绞缬或聚集变形后，通过转印和定型一次性形成清晰与朦胧的虚实相间的三维视觉新风格。

该工艺可根据纺织服装国际流行趋势和目标市场个性化需求，优选适合该工艺的新型改性涤纶面料，如桃皮绒、涤麻、麂皮绒、乔其纱、雪纺、色丁、涤棉等。运用现代扎染绞缬和聚集技艺进行定位聚合，经过高温转印一次成型，形成面料独特的浮雕肌理和具象、抽象印花图案结合的全新视觉造型，彻底改变了原面料或成衣的同质化外观，具有个性化、时尚化、艺术化的独特风格（图3-98）。

图3-98　独具个性的聚集转移压印成衣

2. 工具准备

有液压式转移印花机、各种花型转移印花纸等设备。

3. 工艺流程

图形设计→面料或服装准备→面料或服装绞缬或聚集定位→转移印花→后整理→检验→包装成品。

4. 主要技术过程

以热转移印花定形为例（图3-99）。

（a）图形与面料贴合

（b）印花前定位

（c）转移印花

（d）图形与面料分离

（e）成品

图3-99　转移印花工艺主要技术过程

126

（三）电热式机械压褶成型

1. 工艺原理及特点概述

机械压褶成型工艺采用机械压褶设备，对新型改性涤纶面料和含涤30%以上的相关面料进行面料三维再造，分为电热模压褶工艺和纸模手工纸模长车汽蒸定形工艺（以下主要介绍电热模压式工艺）。经过机械压褶成型工艺后整理的各种面料，具有浮雕图形整齐清晰和成型稳定的优点。机械压褶成型工艺产能较大、效率较高、可控性强、无水无污染；手工纸模定型需要手工操作，相对费工耗时。作为一种成熟的绿色面料三维再造工艺，多以各种仿真丝、仿棉麻质地的单色和印花面料或成衣、衣片为载体，用于工艺时尚服饰、艺术家纺和文创产品的开发（图3-100）。

图3-100　电热式机械压褶围巾

2. 工具准备

有电热式机械压褶机、电热式自动提花压褶机等。

3. 工艺流程

图形设计→面料或服装准备→进入压褶机高温压褶成型→后整理。

4. 主要技术过程

（1）电热式机械压褶成形工艺流程（图3-101）。

（a）面料准备

（b）面料喂入压褶机

（c）高温压褶成型

（d）取出压褶面料

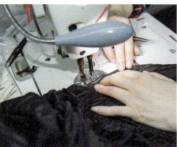

（e）成衣制作

（f）成品

图3-101　电热式机械压褶成形工艺主要技术过程

（2）手工纸模定型的工艺流程（图3-102）。

（a）面料定位

（b）纸模固定一

（c）纸模固定二

（d）纸模折叠固定

（e）汽蒸定型

（f）成衣制作

（g）成品

图3-102　手工纸模定型工艺主要技术过程

（四）传统绞缬喷染汽蒸定型工艺

1.工艺原理和特点概述

绞缬喷染汽蒸定型工艺，具有人机互动、灵活多变、手工感强等特点。通过借鉴现代扎染龙绞与聚集手工技艺，选用具有天然质感外观和舒适透气的改性涤纶，以及涤棉、涤麻、涤丝和含涤薄型牛仔、含涤色织面料等进行横向、纵向或不规则扎皱和聚集，经高温高压汽蒸定型后，辅以喷色（G型超细环保型涂料配液）、刷绘、拓印等工艺，获得如大理石、云纹、水纹、树皮皱、龙绞缠纹等自然纹样的浮雕肌理，可与多种色彩组合喷绘形成整体设计系列，并能根据市场流行和客户需求对普通面料进行艺术再造，为用户创造专业价值。

随着中国纺织非遗融入现代生活和"非遗时尚"的产业化实践探索，这种绞缬喷染汽蒸定型工艺，已经广泛应用于国内外知名品牌休闲衬衫、工艺女裙和时尚风衣等工艺时装中，成为我国服装设计差别化创新的重要成果之一（图3-103）。

图3-103　传统绞缬喷染汽蒸定型成衣

2.工具准备

有高温高压蒸锅（或焙烘箱）、空压式喷枪等设备。

3.工艺流程

图形设计→面料或服装准备→龙绞缠扎→高温高压汽蒸→冷却定形后拆线→展开后喷涂料→后整理成品（以龙绞为例）。

4. 主要技术过程（图 3-104）

（a）服装准备　　　　　　　（b）龙绞缠扎一　　　　　　　（c）龙绞缠扎二

（d）高温高压汽蒸　　　　　（e）冷却定形后拆线

（f）展开后喷涂料　　　　　（g）焙烘　　　　　　　　　　（h）成品

图 3-104　传统绞缬喷染汽蒸定形工艺主要技术过程

第五节　综合工艺的创新与发展

综合工艺以跨界设计、时尚创意、技术集成和柔性生产为特色，创造国产面料和成衣个性化、艺术化、时尚化的视觉差别化新外观，是艺术染整创新的本质。在应用艺术染整物理性防染扎花、二维平面图形一体化染色、三维记忆定型工艺技术的同时，还可以结合市场需求，展开丰富的艺术想象，进行视觉创意与综合创新实验，不断创造出新的工艺。

自由写意的聚集扎花与精细规范的电脑绣花工艺相结合，通过高温高压机器定型，形成抽象构成与精致写实对比的新的视觉体验；将面料进行多种拼接手法处理、折叠后，再用压褶机进行三维收缩定型，使褶纹有序排列并产生点、线、面、体的结构变异；段染段纹的残缺美与

图 3-105 艺术染整工艺集成创新的服装设计作品（作者：张柳越）

印花工艺相结合，吊染色彩柔和的渐变层次与三维肌理变化相结合等，都能使织物和服装设计产生新、奇、特、美的艺术效果。综合工艺的创新范例有很多，此处就不一一列举，读者可以在熟练掌握多种常规方法的基础上，触类旁通，发挥想象力，进行大胆创意，积极开展自主创作（图 3-105）。

下面以纯棉针织 T 恤注染、拔色叠加工艺为例，介绍综合工艺创新的工艺流程。

工艺流程：

前处理→刷色→汽蒸→酸洗→皂洗→脱水→根据工艺进行手工扎花→冷水浸泡→拔色→高温烫洗→氧漂→高温烫洗 2 遍→染色→酸洗→皂洗→柔软→脱水→烘干→功能性整理→检验→包装成品。

工艺配方：

（1）前处理处方：815 净洗剂 0.5 ~ 3g/L；纯碱 3 ~ 5g/L；在 95 ~ 100℃的条件下处理 30min。

（2）刷色处方：

粉色，活性红 BB，$x\%$；活性黄 SRN，$y\%$；活性蓝 XP，$y\%$；碱剂 10g/L；水 1L；

黄色，活性红 BB，$x\%$；活性黄 SRN，$y\%$；活性蓝 XP，$y\%$；碱剂 10g/L；水 1L；

绿色，活性红 BB，$x\%$；活性黄 SRN，$y\%$；活性蓝 XP，$z\%$；碱剂 15g/L；水 1L；

（3）汽蒸工艺：在 80℃的条件下汽蒸 30min。

（4）酸洗处方：冰醋酸 0.5 ~ 1g/L；在室温条件下处理 10min。

（5）皂洗处方：815 净洗剂 0.5 ~ 3g/L；在 95 ~ 100℃条件下处理 10min。

（6）拔色处方：保险粉 2g/L；在 95 ~ 100℃的条件下处理 10 ~ 15min。

（7）氧漂处方：双氧水 1g/L；在 80℃条件下处理 10 ~ 15min。

（8）染色处方：活性红 SPD，$x\%$；活性黄 SPD，$y\%$；活性蓝 SPD，$z\%$；元明粉 20g/L；纯碱 10g/L；在 60℃的条件下染色 40 ~ 60min（具体染色工艺流程参考常规染整工艺）。

（9）酸洗处方：冰醋酸 0.5 ~ 1g/L；在室温条件下处理 1min。

（10）皂洗处方：815 净洗剂 0.5 ~ 3g/L；在 95 ~ 100℃的条件下处理 10min。

（11）柔软处方：柠檬酸 1g/L；柔软剂或硅油 0.5 ~ 3g/L；在室温条件下处理 20min。

主要技术过程如图 3-106 所示。

（a）抓花

（b）刷色

（c）扎花理褶

|（d）扎花拧绞+绳纹|（e）浸拔色|（f）氧化|
|（g）套色|（h）拆线|（i）柔软|（j）成品|

图3-106　运用艺术染整综合工艺制作的针织服装

艺术染整工艺创新与发展，不仅体现在多种工艺叠加改良和综合创造方面。关注现代科技发展，融入文化创意和主流时尚，增强生态意识和环保理念，将中国纺织非遗、染整科技、数码技术与服装设计相结合，为艺术染整的健康发展提供了不竭的动力。例如，现代扎染与现代涂料印花工艺、静电植绒工艺、磨毛后整理工艺结合；现代扎染与纳米涂料数码喷墨印花技术、激光光蚀技术、面料三维记忆结合；现代扎染与绿色植物染色技术结合；艺术染整图形创意与人工智能设计结合等。

练习题

1. 染色方法练习

选择5～6种染色方法，在白色棉布上做单一的染色方法练习。

2. 点粒扎法练习

选择3～4种点粒表现方法，分别在40cm×40cm的本色棉布上完成，并选用合适的染色方法使之上染。

3. 线缝法练习

选择3～4种线缝表现方法，分别在40cm×40cm的本色棉布上完成，并选用合适的染色方法使之上染。

4. 抽象捆扎法练习

选择1～2种捆扎表现方法，分别在40cm×40cm的本色棉布上完成，并选用合适的染色方法使之上染。

5. 折叠扎法练习

选择2～3种折叠扎表现方法，分别在40cm×40cm的本色棉布上完成，并选用合适的染色方法使之上染。

6. 无绳聚集法练习

选择2～3种无绳聚集表现方法，分别在40cm×40cm的本色棉布上完成，并选用合适的染色方法使之上染。

7. 成衣综合扎法练习

以"绽放"为主题，从中国民间传统纹样中汲取灵感，进行创意设计，综合运用不少于4种扎染技法，制作完成一件扎染T恤或连衣裙，染色技法不限。

8. 纤维艺术作品练习

自拟主题，综合运用艺术染整防染技法与染色技术进行纤维艺术作品的制作，面料规格尺寸为75cm×120cm和100cm×160cm，可自选一种规格进行创意设计与制作。

艺术染整工艺在现代产品设计中的创新应用

课程名称：艺术染整工艺在现代产品设计中的创新应用

课程内容：艺术染整工艺在服装服饰设计中的应用

　　　　　　艺术染整工艺在家纺设计中的应用

　　　　　　艺术染整工艺在文创产品设计中的应用

　　　　　　艺术染整工艺在纤维艺术作品设计中的应用

理论课时：4课时

实践课时：12课时

教学目的：让学生了解艺术染整设计运用的各种表现形式，帮助学生掌握艺术染整设计应用的具体方法

教学方式：多媒体课件讲解，图文对照，有利于学生的理解

教学要求：1. 了解艺术染整在服装设计中的市场竞争优势和个性化外观风格

　　　　　　2. 了解艺术染整在服装设计中的三种表现形式

　　　　　　3. 掌握艺术染整在各种不同服装类别设计中的应用方法

　　　　　　4. 掌握艺术染整在各种服饰品、家纺、文创产品和纤维艺术作品中的应用方法

课前准备：熟练掌握前一章节内容，清楚艺术染整工艺原理及工艺集成化技术特色

第四章 艺术染整工艺在现代产品设计中的创新应用

第一节 艺术染整工艺在服装服饰设计中的应用

通过前面章节的学习我们已经知道，艺术染整的同一种工艺手法，在不同配色、不同面料质感、不同服装风格中的运用，以及与服装服饰的不同部位或与其他装饰手法相结合，会产生不同的视觉效果。有的表现出强烈的肌理对比和色彩变化，有的营造出一种和谐朦胧的氛围，有的以局部的变化烘托主体的美感。不同的表现形式都有适合的设计对象和各自的特点，我们在服装、服饰品设计时应注意灵活运用，并遵循其基本的表现形式。如局部装饰设计、整体装饰设计、背景装饰设计等，以充分展现艺术染整工艺的独特美感，为服装设计服务。

一、艺术染整工艺在服装服饰设计中的表现形式

（一）局部装饰设计

局部装饰设计，是指在成衣的某些部位运用现代扎染工艺，形成独特的视觉图形和丰富多变的色彩效果，使成衣设计通过细节彰显现代扎染的工艺美，并以服装局部作为设计重点来完善服装设计的整体效果。

服装的局部装饰部位通常分为边缘部位和中心部位。边缘部位一般指服装的领口、门襟、袖口、口袋边、裤脚口、下摆等位置；中心部位主要指服装边缘以内的部位，如领部、胸部、腰部、腹部、背部、臀部、腿部、膝盖、肘部等位置。在服装的边缘部位进行装饰，具有强化服装的廓型感和线条感的特性，易于表现服装的款式结构。在服装中心部位进行装饰，则容易强调服装和穿着者的个性特点具有醒目、集中的意味。根据边缘部位、中心部位装饰意义的不同，在选择艺术染整工艺时应该有所区别。边缘部位的工艺，适合选择一些图形比较简单的工艺与形态，如串缝、撮扎、吊染、拔染等，颜色宜单一，最好不要超过两种，以达到强化轮廓但又不失服装整体感的视觉效果。当然，有时设计点要突出边缘的结构，可以在色相、明度、纯度上稍做微调和变化，使之与大身产生对比或统一的效果。与边缘装饰有所不同，服装中心部位的装饰工艺，无论在工艺手法还是在颜色变化上，尺度都比较大，因为这时的图形往往是

以面的形式出现的。在纹样选择上，具象、抽象皆可；在图案风格上，既可含蓄也可张扬；在工艺配置上，可选择扎缝、压印、浸染、注染、手绘等工艺；在颜色搭配上，并不局限于一种或几种，因而自由度比较大。

　　由于局部装饰设计在服装中出现的面积相对较小，所以在风格和色彩设计上，应该注意与服装整体和服饰品保持一定的协调性。如图4-1所示，品牌弄影背心式打褶连衣裙，通过上胸部位的简单刷色设计处理，丰富了服装色彩与肌理的层次对比，突出了品牌的艺术个性和美学理念。如图4-2所示，品牌普拉达（Prada）连衣裙下摆使用了扎染圆形捆扎和扎段保护留白的方法，使服装呈现出别具特色的视觉效果。

（二）整体装饰设计

　　整体装饰设计手法，是指对成衣整体运用现代扎染工艺，因为在服装上的装饰面积比较大，产生的图形肌理和色彩纹样变化也比较大，所以运用这种装饰手法所产生的服装设计外观视觉效果强烈、个性十分突出。如图4-3所示，品牌普拉达套装裙，衣服整体都使用了捆扎扎段染色的方法，呈现出独特的艺术效果。

图4-1　品牌弄影连衣裙　　　　　　图4-2　品牌普拉达连衣裙　　　　图4-3　品牌普拉达扎染套裙

　　服装整体使用艺术染整工艺，一般采用成衣后整理加工的方式，即在成衣制作完成后再进行扎花、聚集染色工艺处理，具有打样效率高、生产柔性化和响应市场快速的工艺优势。

（三）背景装饰设计

　　将现代扎染工艺应用于成衣局部或服装整体，形成的图案色彩作为服装设计的背景装饰，并在服装设计整体布局和整体风格的规定下，与其他各类装饰工艺（如涂料印花、珠饰手编、刺绣彩绘等）相结合，经工艺复合点缀形成独特的、唯一的和风格化的视觉新外观，对完善服

图4-4　品牌丝黛拉·麦卡妮T恤

图4-5　品牌奈裴斯衬衫

装的整体设计和创意起到其他工艺无法替代的作用。

如图4-4所示的品牌丝黛拉·麦卡妮（Stella McCartney）T恤，利用拔色和云染工艺，设计的大面积"留白"肌理和协调的同类色配色，与胸前的主体装饰图案形成很好的衬托关系，突出了服装的装饰艺术感。图4-5所示的品牌奈裴斯（Needles）衬衫，在格子撞色面料拼接的设计效果上，加入一个漩涡造型的注染刷色图形，使色彩的整体关系十分和谐，加强了迷幻视觉感，彰显了品牌个性文化。

艺术染整工艺应用于成衣局部或服装整体背景设计，一般不选择工艺难度高的工艺，而以单一工艺为佳。因为这种背景式处理的扎染设计方法，对服装设计师的综合能力要求比较高，既要熟悉生产流程、考虑整体协作性要求，又要从设计开始就在款式结构、缝制工艺、扎花聚集、染色整理等方面，有系统把控全局的能力。另外，还要特别注意处理好扎染工艺与其他工艺装饰之间的关系，通过综合创造发挥出艺术染整工艺作为装饰背景设计语言的独特价值。

二、艺术染整工艺在不同服装类别设计中的应用

生活是丰富多彩的，着装也是随着各种场合的需要而变化的。当服装设计针对的目标消费群不同、用途不同、场合不同、职业不同，我们的设计方法、设计风格和设计重点都要随之变化，有所区别。现代扎染设计应用于服装设计，同样遵循着这个原则。

（一）休闲装

休闲装又称便装，是人们在无拘无束、轻松休闲时穿着的一种便装。如果从风格上进行细分，休闲服装一般可以分为：前卫休闲、运动休闲、商务休闲、浪漫休闲、古典休闲、民俗休闲和乡村休闲等。服装面料多选择天然纤维的棉、麻、毛类织物。休闲服的产生，源于现代人在快速的生活节奏和紧张的工作压力下，追求轻松、闲适的心境。反映在着装观念上，既不愿被经典正装束缚，又无意为流行左右，表现为对自然休闲服装的喜好。休闲装设计强调对人的"个体"的尊重，特别关注着装的舒适性，体现了设计对人的关怀。其无拘无束、不受羁绊的着装理念，与艺术染整工艺突破传统限制、跨界自由的设计思想异曲同工。因此，艺术染整工艺在休闲装的设计应用中，显得广泛而活跃（图4-6）。如耳熟能详的杰克·琼斯

图4-6　品牌丝黛拉·麦卡妮长裤

（JACK & JONES），马克·华菲（MARK FAIRWHALE）等休闲男装品牌就广泛应用了现代扎染工艺。

休闲装是一个面广量大、风格多样，着装人数最多的服装类别。由于年龄不同、职业不同、审美不同及服用场合不同，着装虽以休闲统称，其实风格迥异、区别极大。其实，不同风格的休闲装设计，在服装廓型、面料、辅料的选择和细节设计方面，都呈现出各自的特色。艺术染整作为休闲装设计的重要工艺语言，在工艺选择和设定时要把握好图形大小、色彩关系、工艺类别的配置尺度，注意运用现代构成原理解构图案、调和色彩和选择工艺。

（二）运动装

运动装是指方便人们运动而穿着的服装，相对普通服装配色设计来说，在款式上多以简洁干练的款式和线型为主；色彩设计上较多地运用对比色和醒目强烈的颜色；面料一般以棉、改性涤纶的针织面料或以具有吸湿排汗的功能性面料为主，整个服装给人以舒适、动感的视觉感受。

艺术染整应用于运动装设计中，同样遵循运动装简洁、明快的整体风格，一般不采用精细传统的绞缬工艺，而多以渲染大效果为主的注染、浸染、喷涂工艺为主。如图4-7所示，中国运动品牌李宁推出"李宁CF悟·行系列"扎染卫衣，以橙、红、蓝为主色调，采用大面积注染设计，表现了品牌阳光活力、积极向上的运动形象和生命张力；而图4-8所示，优势（The Upside）泳装，蓝白色彩对比明快，自由不规则的线条增加了服装韵律的动感。图4-9所示，品牌精神游侠（Spiritual Gangster）红、黄、蓝三原色注色染健身服，色彩亮丽醒目、肌理丰富多变，服装充满活力。

图4-7　品牌李宁扎染卫衣　　　图4-8　品牌优势泳装　　　图4-9　品牌精神游侠健身服

图4-10　品牌范思哲礼服

图4-11　品牌艾莉·萨博礼服

图4-12　东方航空空乘员制服

（三）礼服

在正式的社交场合，穿着礼服不仅能体现自身的品位，也是对他人尊重的需要。礼服在造型、色彩和面料的选用上，需要结合出席场合和主人的身份精心选择，以便达到在交际场合中引人注目和烘托气质的目的。艺术染整工艺在礼服的设计与应用中，主要体现在表现色彩变化的特种染艺上。一般情况下，比较多采用能够表现优雅经典风格的一些工艺，如吊染工艺染色产生颜色渐变过渡的柔美效果，段染工艺带来段纹残缺美和色彩斑驳的过渡感、三维记忆造型的肌理层次感等。如图4-10所示，品牌范思哲（Versace）礼服，运用艺术染整吊染工艺与立体丝带绣工艺相结合，服装典雅大方、富于韵味。图4-11所示，品牌艾莉·萨博（Elie Saab）礼服，柔和的肉粉色与黄色调形成不规则过渡染色，平面与立体交错的花卉装饰，极具装饰之美和浪漫气息。

（四）职业装

职业服是指在有统一着装要求的工作环境中穿着的服装，又称制服。职业服有蓝领职业服、白领职业服、粉领职业服以及军警部队制服等。

职业服的设计与其他类型的要求不同，强调职业性特点的体现，在造型、色彩、功能性等方面有着一定的范式要求，设计中要避免过度设计而以减法设计为主。例如，不使用具有明显街头个性休闲风格特点的图形，或采取局部设计应用的方式减少艺术染整工艺在服装面积上的比例，弱化工艺化的特点等。如图4-12所示，灵感来源于传统蓝印花布工艺的东方航空空乘员制服，该设计保留了蓝印花布艺术造型的特点，在工艺上采用批量印花生产的方式加以完成。

（五）创意装

创意装是以呈现鲜明的个性、传达原创的理念为目的的一类小众服装，主要有服装专业学生毕业设计、服装设计大赛装、服装品牌发布会三种形式。创意装设计是青年设计师展现自我、实现理想的一个重要途径，是品牌概念推广的重要手段，具有主题明确、构思奇特、材料工艺使用超前等特点，设计上注重成衣着装的舞台效果，强调对比因素的运用。因不过分受制于生产成本的制约，也不太需要考虑批量生产的可行性和成本因素，可采用加法设计的方式，如大面积地运用特种工艺和工艺的重复叠加等设计方法。如图4–13所示，获得2019年第六届"紫金奖"文化创意设计大赛金奖的作品《年味》，运用吊染、印花、绣花综合工艺等加法设计，以新中式女装设计丰富的图案层次和大面积的吊染色韵，近乎完美地诠释了作品《年味》的江南文化主题。

图4-13 《年味》（设计：王银明等）

三、艺术染整工艺在不同服饰品设计中的应用

人类生活的衣食住行，将"衣"字摆在首位，这个衣包含了"服"和"饰"两种含义，即服装和服饰品。服饰品又称服饰配件，是指除服装以外的所有附加在人体上的装饰品，其种类繁多、范围极广，主要包括首饰、包袋、帽子、腰饰、鞋袜、手套、伞、眼镜、肤体装饰、打火机、手表等随身物品。服饰品在整体着装设计中处于从属地位，主要用来点缀和美化服装。一件好的服饰品可以起到画龙点睛的作用，提升整套着装的艺术效果。因此，在设计中同样有着举足轻重的地位。如图4-14所示为品牌论坛新潮（Forum Novelties）头巾，炫目的色彩对比、迷幻的图形肌理，突出体现了嬉皮风格的特点。

图4-14 品牌论坛新潮

艺术染整工艺应用于服饰品的设计，能够丰富服饰产品的艺术视觉形象，提升其档次和价值空间，具有广阔的应用前景。如图4-15所示为各大主流时尚品牌开发的丰富多样的时尚艺术染整服饰品。

服装与服饰品整体系列开发是现代时尚设计的发展趋势，也是当代生活方式的直观体现。近年来，迪奥（Dior）、普达拉（Prada）、路易·威登（Louis Vuitton）等奢侈品牌纷纷将现代扎染工艺作为季节开发主题，应用在整个产品体系中，使品牌整体系列设计更加突出了品牌视觉形象，延伸了品牌的产品设计开发空间。如图4-16所示，品牌迪奥（Dior）2021年服饰系列；如图4-17所示，华伦天奴（Valentino）服饰系列，其服饰品类众多，材料应用丰富。在进行艺术染整工艺设计时，以及在技艺的匹配原则上，需要特别注意做好"深入设计"。

弗兰基（FRankies）

莱莱·萨杜琦（LELE SADOUCHI）

耐克　　　　阿苏斯（ASOS）　阿夸祖拉（AQUAZZURA）

图 4-15　时尚艺术染整服饰品

图 4-16　品牌迪奥服饰系列　　　　图 4-17　品牌华伦天奴服饰系列

第二节　艺术染整工艺在家纺设计中的应用

一、艺术染整工艺在家纺设计中的表现形式

（一）家纺设计概念

　　家纺产品，即家用纺织品，有广义和狭义之分。广义的家用纺织品又称装饰用纺织品，是指由纱线、织物等材料加工制成，可直接使用于家居、宾馆、饭店、会议室等场所以及飞机、汽车、火车等交通工具内的所有纺织制品的总称。狭义的家用纺织品专指在室内环境中，主要

是家居环境中所用的装饰用织品。家用纺织品的应用范围比较广，根据行业特点不同，有以下十大类。

1. 巾类

包括毛巾、浴巾、沙滩巾、地巾及其他浴洗织物。

2. 床类

包括床单、床罩、被套等床上用品及蚊帐类。

3. 毯类

包括棉、毛、化纤毯，地毯、壁毯、装饰毯等。

4. 帕类

包括手帕、头帕、装饰帕等。

5. 带、线类

包括流苏、饰边及各种原料的缝纫线。

6. 帘类

包括各种窗帘、浴帘、装饰帘等。

7. 袋类

包括各种纺织品包、兜、信插、衣物袋、储藏袋等。

8. 布艺类

包括各种抽纱制品、布艺家具、布艺摆设、垫类、布艺花边等。

9. 绒类

包括各种静电植绒面料。国外广泛用于家用纺织品的生产，该行业发起时就被纳入家纺行业。

10. 厨类

包括桌布、餐巾、围兜、清洁巾等厨房、餐厅用纺织品。

（二）家纺产品在现代装饰和室内设计中的作用

家用纺织品具有柔软、舒适、遮光、保暖和私密性等实用功能，同时也是提升环境艺术效果的重要内容，是功能实用性与艺术装饰性的有机统一。家纺产品在现代装饰和室内设计中的作用，主要表现在以下几个方面。

1. 分割空间，丰富层次

由钢筋、水泥、瓷砖、玻璃等硬性材料构成的墙面、地面、顶面组合，构成了现代室内环境的主体空间。由于建筑材料的特殊性，室内装修时一般很难改变其外形的固有结构。因此，家用纺织品设计，承担着空间二次分割和再设计的重要作用。

2. 装饰空间，营造环境

随着人们生活水平的提高，消费者精神层面的需求在现代家纺设计中尤为突出，环境空间设计的风格化、个性化、多元化发展趋势，对家用纺织品的设计提出了更高的要求；柔软、温暖的纺织品与冷漠、生硬的现代建筑材料形成了良好的互补关系，家纺产品设计对于空间的装饰、艺术氛围塑造起着至关重要的作用。

（三）艺术染整家纺产品设计原则

没有规矩，不成方圆。产品开发必须遵循一定的设计原则，艺术染整家用纺织品设计也不例外。实用美观、经济舒适、时尚生态、艺术个性，是艺术染整家用纺织品设计的基本原则。

1. 实用性

是指物的使用功能性，艺术染整家用纺织品的含义、内容、设计的目的及功能等必须符合使用者的用途。一切产品设计必须以实用功能为出发点，在满足人们物质需求的同时满足其精神追求。

2. 美观性

这是对产品的审美功能要求。一件作品可以反映使用者的精神面貌、个性气质，传达其思想感情。艺术染整家纺设计在满足功能的前提下，还要具有美化、装饰的作用。实用与美感互为依存，寓美感于实用之中，融实用于审美之中。

3. 经济性

现代人的消费观念在不断变化，从要求物美价廉到追求品质个性，人们的需求更趋理性。家纺产品面对的消费者以普通大众居多，高档商品大多在新婚、结婚纪念日或节日购买，一般情况下消费者还是倾向于选择一些经济实惠、高性价比的产品。所以，设计艺术染整家用纺织品，一定要考虑价格因素，市场定位要准确，比如中档家纺产品，往往是普通消费者最能接受、市场空间最大的。

4. 舒适性

决定舒适性的因素有很多，艺术染整家用纺织品设计主要注意以下三点：一是要符合人体工程学；二是质量与安全性能好，应选用安全环保材料；三是产品的视觉与触觉效果佳，使人轻松愉快、心情舒畅。

5. 时尚性

时尚性是影响现代消费行为的重要关键词，作为艺术与实用商品的家纺产品，不能忽视流行性和时尚性的影响。今天，人们的消费更加注重情感体验，流行性、时尚感则是情感消费的推手。

6. 生态性

原指一切生物的生存状态，以及它们之间及环境之间环环相扣的关系。如今，生态学已经渗透到各个领域，"生态"一词涉及的范畴也越来越广。艺术染整家用纺织品设计将"生态"定义为健康的、美丽的、和谐的、环保的家用纺织品，这是21世纪世界家纺产品设计发展的方向。

7. 个性化

强调将艺术染整工艺的视觉差别化优势应用于家用纺织品开发，突出家纺产品独特的艺术个性，这是艺术染整家用纺织品设计的重要原则。如图4-18所示，品牌元熙壹品软装布艺产品，将刷色与三维立体浮雕、刺绣等工艺综合应用于产品的设计中，形成了鲜明的个性。

图 4-18　品牌元熙壹品软装布艺

8. 适配性

家纺产品（尤其是大门幅大长度尺寸的窗帘、床品等）于服装而言，具有"大体量"的特点，在工艺操作中，对设备、空间以及工艺制作人员都有着不同的要求，设计时需要考虑工艺的可操作性和可控性，即工艺的合理性和适配性。

二、艺术染整工艺在家纺设计中的应用

艺术染整工艺应用于家纺产品设计，要有整体性思维。所谓整体性，一方面体现在纺织品套系之间的关联性，另一方面是与整个空间、家具陈设的关联性。要从大处着手，谨慎处理好图形、色彩、质感以及家纺产品之间的对比与调和、比例与尺度、节奏与韵律、呼应与关联等关系。如图4-19所示，品牌愉悦家纺四件套，图案上采用夸张抽象的图形与理性规则的条纹对比组合，通过同类色配色和局部主色纯色的协调搭配，产生了层次丰富，动静相宜，和谐统一的视觉效果。

艺术染整的工艺表现极其丰富，肌理效果符合现代审美要求。在家纺产品设计中，可以用同一材质、不同工艺形式来表现，其丰富的视觉肌理效果营造出和谐的秩序和灵动的空间美；也可以弱化图案色彩，强调工艺本体表现，赋予其当代装置艺术的属性。如图4-20所示，设计师林芳璐以大理白族传统扎染工艺为灵感的一组沙发设计，在运用艺术染整工艺时，弱化现代扎染色彩表现和形象，以大面积织物本色和部分浅色靛蓝为主调，重点突出扎花"疙瘩"元

（a）作品一　　　　　　（b）作品二

图 4-19　品牌愉悦家纺四件套　图 4-20　林芳璐现代家居设计作品

素和"软雕塑"沙发的自然美，成为适用性与艺术性完美结合的优秀原创设计作品。

第三节　艺术染整工艺在文创产品设计中的应用

一、艺术染整工艺在文创产品设计中的表现形式

（一）文创产品概念

近年来，随着人们生活水平的提高，新中产的崛起，文化创意产品为适应新的审美与潮流，变得尤为丰富。文创产品，是指文化创意产品，是依靠创意人的智慧、技能和天赋，借助于现代科技手段对文化资源、文化用品进行创造与提升，通过知识产权的开发和运用，从而产出的高附加值产品。简要来说，文创产品是一种携带文化意义的产品，是一种既具有实用性，又能很好地传达文化精髓的产品。文创产品设计的两项基本要素是"创新性+应用性"。

（二）常见的文创产品类型

文创产品是带有文化符号的产品，品种范围宽广，根据使用功能不同，可以分为出行、文具、益智、生活家居等；按照设计的目的，大致由以下五类产品构成。

1. 旅游纪念品

城市、博物馆和观光景点等地为游客旅游纪念所设计的各种精巧便携、富有地域与民族文化特色的纪念品。

2. 娱乐艺术衍生品

基于文学作品、影视娱乐、动漫 IP 等内容的艺术价值、审美价值、经济价值、精神价值而设计的商品。

3. 生活美学产品

表达创作者体验、感受、审美、理解等内容而创作的产品。

4. 活动与展会文创

指根据展会、论坛、庆典、博览会、运动会等大型活动所设计的产品。

5. 企业与品牌文创

用于对外展示公司的企业文化、商务礼品馈赠等，根据企业文化、品牌文化创作出来的产品。

二、艺术染整工艺在文创产品设计中的应用

　　源于中国纺织非遗的"国粹三染"——传统扎染、蜡染和蓝印花布工艺是艺术染整的重要组成部分，蕴涵着丰富的传统文化价值、内在的造物智慧与华夏美学思想，以及外在的色彩、形态与工艺表现。提炼蕴涵其中的文化符号，应用于现代文创产品的设计创意，有着广阔的市场前景。如图4-21所示，晓风书屋文创蓝染手包，造型简洁、功能实用，采用蓝染工艺面料制作。设计师将传统扎染工艺的拙朴自然融入当代文创设计，传达出一种宁静致远的意境。图4-22所示为淘宝品牌无聊研究所手机装饰壳的设计采用了多彩色对比，其具有迷幻、漩涡的视觉图形代表着20世纪嬉皮士文化精神，也是现代扎染的经典视觉符号。设计师妙用扎染经典符号，创新手机装饰壳设计，既是对20世纪嬉皮士文化的回望，又有很强的装饰性和实用性。图4-23所示为美国品牌enjoi，以多彩漩涡现代扎染经典图形为题材的滑板设计，视觉冲击力强，充分体现了文创产品"创新性+应用性"的设计特点。图4-24所示为我国台湾卓也文创采用植物染色与扎染工艺制作的旅游文创产品猫头鹰抱枕，融入了当地文化特色、传统染艺的工匠精神和以人为本的现代理念，具有很强的文化性。图4-25所示为穷游美术馆旗下旅行生活美学品牌JNE与鬼塚虎（Onitsuka Tiger）合作推出的蓝染礼盒，涵盖了衣服、鞋子、包袋、明信片等品类，传达了品牌崇尚蓝文化的生活美学态度，与消费者共情共鸣，增强了品牌的用户黏性。

图 4-21　晓风书屋蓝染手包　　　　图 4-22　无聊研　图 4-23　美国品牌 enjoi 滑板
究所手机壳

图 4-24　卓也文创天然染色猫头鹰抱枕　　　图 4-25　旅行生活美学品牌 JNE 蓝染礼盒

　　将艺术染整视觉图形与工艺制作所蕴含的美学思想和现代审美相融合，现代扎染文创产品开发有很多创作方法和设计路径：可以用不同深浅的蓝白色表现，也可以用强烈对比的多彩色点睛；可以是经典图案形象的再现，也可以从传统工艺造物思想得到启迪；可以直接将色彩和图形应用于当代设计，也可以使用传统工艺创造新的图纹。简而言之，无论采用哪一种设计表现方法，都要遵循艺术染整工艺规律和最基本的形式美感法则。

第四节　艺术染整工艺在纤维艺术作品设计中的应用

一、艺术染整工艺在纤维艺术作品设计中的表现形式

　　艺术染整工艺语言具有丰富的表现力，生成图案灵动多变、自由随性并极具效率，充满了艺术和诗的意境，具有不易被复制的优点，受到越来越多的设计师和消费者的关注，应用领域日趋广泛，并成为纤维艺术最重要的设计语言和表现手法之一，如图4-26、图4-27所示。

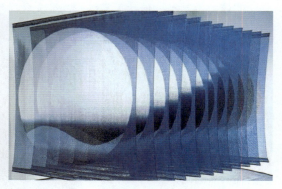

图4-26　李薇《青绿山水》　　　　　图4-27　福本潮子作品

（一）纤维艺术概念

　　纤维艺术是指艺术家利用一些与人类最具亲和力的材料，以编织、环结、缠绕、缝缀等制作手段塑造平面、立体和空间装置形象的一种艺术形式。纤维艺术既有传统工艺美术的属性，也有现代艺术设计的特征，还兼容绘画、雕塑等纯艺术的特质，兼具审美功能和实用功能。

（二）纤维艺术的特点

　　纤维艺术作为一种独立的艺术形式，具有明显不同于其他艺术的特点。主要表现在以下三个方面。

1. 丰富的创造材料

除了使用棉、麻、丝、毛这些传统的纤维材料以外，还结合使用如皮革、木材、纸片、塑料、金属等材料，在材料的选择上具有极大的丰富性。

2. 丰富的肌理表现

具有不同自然属性的材料经过艺术家的编、绣、织、塑、绘等创作后，以光滑与粗糙、紧密与蓬松、密集与透漏、凹凸与平坦等丰富的肌理创造，带给观众耳目一新的视觉感受。

3. 多变的艺术形式

纤维艺术不受材料、品类、空间等条件限制，在艺术表现形式上，呈现多样性和多变性的特点。

二、艺术染整工艺在纤维艺术作品设计中的应用

纤维艺术以其柔软的材料、传统的织物、情感的寄寓和创意的表达，被人们誉为最能温暖人心的艺术形式之一，与充满人文气息的艺术染整工艺有颇多相通之处。艺术染整丰富的染艺和各种扎、编、勾、织、压、缝的综合后整理手法，更为纤维艺术创作提供了丰富的工艺语言和广阔的创意空间。在纤维艺术创作中，通过对工艺的组合变化，可以极大地丰富艺术设计的表现形式。如图4-28所示，第七届国际纤维艺术双年展作品，以羊毛毡与注染、刺绣等综合工艺表现的纤维作品，色彩奇幻，层次丰富，具有强烈的艺术张力。图4-29所示为林芳璐获得2021罗意威（Loewe）基金会大奖的作品she，其舍弃了现代扎染的色彩，保留了扎花过程的肌理（"疙瘩"），并以安静纯粹的"未完成"状态、雕塑艺术的量感和新的视觉审美，成为中国当代纤维艺术的优秀作品。图4-30所示为闫玲玉的第九届国际纤维艺术双年展获奖作品《面孔》，与作品she同样采用了扎染工艺元素，但以夸张、变形、重构组织画面的构思，采用拼贴、缝缀、刺绣等综合工艺制作完成，表达了作者独特的创作理念。

图4-28　第七届国际纤维艺术双年展作品

图4-29　林芳璐作品 *she*

图 4-30　闫玲玉作品《面孔》

思考题

结合现代消费需求，思考如何利用艺术染整工艺创作个性化的产品。

练习题

调研市场中的服饰品牌，收集不同风格特色的艺术染整产品。运用本章所学知识，分析其工艺手法和表现形式。

艺术染整工艺前景展望及作品赏析

课程名称： 艺术染整工艺前景展望及作品赏析

课程内容： 艺术染整前景展望
艺术染整作品赏析

理论课时： 2课时

实践课时： 0课时

教学目的： 通过对大量高清艺术染整作品的鉴赏，进一步加深学生对
艺术染整概念的理解，激发其创作灵感

教学方式： 多媒体课件讲解

教学要求： 增加学生系统全面理解艺术染整概念的内涵及外延的能
力，提高其对艺术染整工艺魅力的感性认识

第五章　艺术染整工艺前景展望及作品赏析

第一节　艺术染整前景展望

在系统学习了第一章到第四章课程的具体内容后，我们回到艺术染整立论的起点，从横向跨界的产业实践与纵向超越的历史维度，对未来作鸟瞰式展望。

艺术染整发展的一个重要趋势，是在汲取中华优秀传统工艺文化的基础上，摆脱传统手工印染的"束缚"，包括对设计师在思维方式、审美观念、视觉语言、设计方法和材料工艺方面的制约。李可染先生曾说"用最大的功力打进去，用最大的勇气打出来"，设计师将现代扎染独特的视觉语言，融入"自然、绿色、民族、艺术、科技"乃至更大的范围，创新求变，与时俱进。

从工艺形态上，艺术染整延承传统手工单件制作、精工细做、讲究实用的工匠精神，更加注重新材料、新工艺和新技术的应用，使手工印染传统技艺积淀成为一种文化符号，一种重构的图式痕迹，一种兼容东西方文明、传达中国诗情画意、表现当代构成形式美感的视觉创造，一种"有意味的形式"。

展望未来艺术染整的发展前景：它是将现代物质文明与精神文明结合在一起，传统形式与当代语言融合在一起，传统手工与现代科技结合在一起，绿色发展理念与艺术文化思潮融合在一起，走进经济全球化、数智化时代文化创意与市场实践的共同产物；它是传统纺织非遗活化的现代呈现，是社会经济、生活方式、文化环境、艺术思潮、前卫时尚与可持续发展的当代演绎。艺术染整在工艺分类与视觉形态方面，已经初步形成自己的体系和方法论。因而，艺术染整是前卫的、概念的、绚丽和富于想象力的，也是绿色的、科技的、艺术和时尚的，更是追求视觉艺术创新与挑战设计极限的（图5-1）。

图5-1　罗竞杰教授为东华大学70周年校庆主题秀演设计作品《经纬征程·衣尚东华》

与传统手工印染和工业染整相比，艺术染整尚处于起步、发展阶段，这是一条去同质化、工艺时尚化的东方设计美学复兴之路。中国纺织信息中心、国家纺织产品开发中心《2005年中国纺织产品开发报告——染整篇》指出："艺术染整在我国纺织服装产业链中，介于纺织染整后整理与时尚工艺服装和家纺产品的终端市场之间，是顺应和满足后工业时代个性化消费需求而诞生的一种全新的染整文化，展现出纺织服装产业从传统手工艺形态走向工业化、现代化、进入后工业时代新的文化回归和螺旋式上升的历史发展轨迹，具有现代科技与艺术创造互渗共生的鲜明时代精神和创意产业特征。"

习近平总书记在党的二十大报告中对"推进文化自信自强，铸就社会主义文化新辉煌"做出重要部署，强调要"增强中华文明传播力影响力。坚守中华文化立场，提炼展示中华文明的精神标识和文化精髓"。"非遗时尚，艺术染整"迎来了新的时代发展机遇，成为增强民族自信、助推文化强国、满足人民群众对美好生活向往的朝阳产业（图5-2）。

图5-2　清华大学美术学院李薇教授"丝路云裳·七彩云南"大秀设计作品《人·见本心》

第二节　艺术染整作品赏析

一、扎染时装艺术赏析

清华大学美术学院李薇教授师生服装设计作品（图5-3~图5-7）。
东华大学教授罗竞杰服装设计作品（图5-8、图5-9）。
中国原创设计品牌服装设计作品（图5-10~图5-23）。

图5-3　李薇"丝路云裳·七彩云南"大秀设计作品《人·见本心》（植物染扎染）

图5-4　李薇设计作品《绡》

图5-5　李薇设计作品《中山装》

（a）作品一　　　　　　（b）作品二　　　　　　（c）作品三　　　　　　（d）作品四

图5-6　李薇设计作品《新中式》

（a）作品一　　　　　　（b）作品二　　　　　　（c）作品三　　　　　　（d）作品四

（e）作品五　　　　　　　　　　（f）作品六

图 5-7　丸山彩设计作品《扎染·融》

（a）作品一　　　　　（b）作品二　　　　　（c）作品三　　　　　（d）作品四

（e）作品五　　　　　（f）作品六　　　　　（g）作品七　　　　　（h）作品八

图 5-8　罗竞杰设计作品《衣裳东华》

图 5-9　庆祝东华大学 70 周年主题秀演（经纬征程·衣裳东华）启航（20 世纪 50—60 年代）

（a）作品一

（b）作品二

（c）作品三　　　　　　　　　　　　　　（d）作品四

图 5-10　中国原创设计品牌弄影扎染女装

图 5-11　中国原创设计品牌弄影数码喷绘女装　　　　图 5-12　中国原创设计品牌弄影缩绒女装

（a）作品一 （b）作品二

图 5-13 中国原创设计品牌弄影皱褶工艺女装

图 5-14 国家文化产业示范基地——华艺扎染时装

（a）作品一　　　　　　　　　　（b）作品二

图5-15　中国原创设计品牌例外蓝染　图5-16　中国原创品牌例外植物染女装
女装

（a）作品一　　　　　　　　　　　　（b）作品二

图5-17　中国原创设计品牌例外冷染女装

（a）作品一　　　　　　　　　　　　　　　　（b）作品二

图 5-18　中国原创设计品牌之禾晕染风格毛衣

图 5-19　中国原创品牌玛丝菲尔拔染女裙　　　图 5-20　中国原创品牌玛丝菲尔扎染女 T 恤

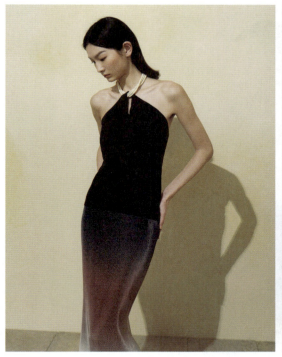

（a）作品一 （b）作品二

图 5-21 中国原创品牌致知扎染女装

（a）作品一 （b）作品二 （c）作品三

图 5-22 中国原创品牌江南布衣扎染卫衣

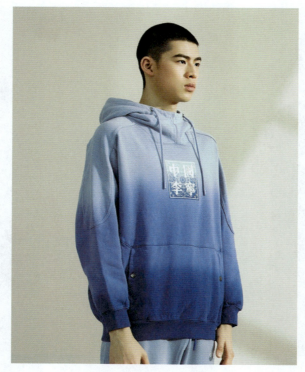

图 5-23　中国原创运动品牌李宁扎染卫衣

二、设计大赛习作解析

（一）"紫金奖"文化创意设计大赛获奖作品（图 5-24 ~ 图 5-30）

图 5-24 2017"紫金奖"文创类金奖作品《宁静致远——致敬蓝染时尚系列》（作者：顾鸣、刘素琼、吴双）

图 5-25 2018"紫金奖"文创类银奖作品《蓝染新颖——新视觉艺术长巾系列》（作者：周莉、刘素琼、顾鸣）

图 5-26　2020 "紫金奖" 服装设计金奖作品《年味》（作者：陶颖彦、潘红梅、王银明）

图 5-27　2020 "紫金奖" 服装设计银奖作品《故园新韵》（作者：陶颖彦、潘红梅、王银明）

图 5-28　东华大学李双东海获奖作品《未完成》（导师：罗竞杰）

图5-29　2018"紫金奖"文创类铜奖作品《融》（作者：苏工院高月梅工作室）

图5-30　2018"紫金奖"文创类铜奖作品《疯狂动物城》（作者：苏工院高月梅工作室）

（二）中国高校扎染服装设计作品（图5-31～图5-33）

（a）作品一

（b）作品二

（c）作品三

（d）作品四

图 5-31　武汉纺织大学王妮工作室作品

图 5-32　金陵科技学院刘素琼工作室 2018 江苏省艺术基金项目汇报展《邂逅蓝染》

图 5-33　刘素琼工作室作品《出于蓝》

（三）2022江苏省十佳服装设计师作品《赛博格》（图5-34~图5-36）

（a）作品一   （b）作品二

（c）作品三   （d）作品四

图 5-34　华艺研发中心推荐（作者：蔡樱樱）

（a）参评作品《赛博格》秀场图一

（b）参评作品《赛博格》秀场图二

图 5-35　参评作品《赛博格》国家艺术染整与现代扎染流行趋势研究中心推荐

图5-36　2015江苏国际服装节扎染开幕大秀《我从江海来——舞墨·弄影》（设计：罗竞杰、顾鸣）

三、纤维艺术作品赏析

（一）中国高校艺术染整设计作品（图5-37～图5-46）

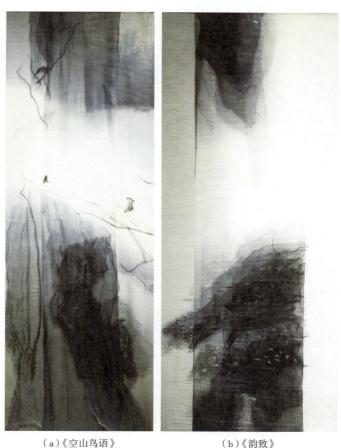

　　（a）《空山鸟语》　　　　　　　（b）《韵致》

图5-37　清华大学美术学院李薇教授设计作品

图 5-38　清华大学美术学院李薇教授设计作品《清 远 静》

图 5-39　清华大学美术学院李薇教授设计作品《空山鸟语》系列

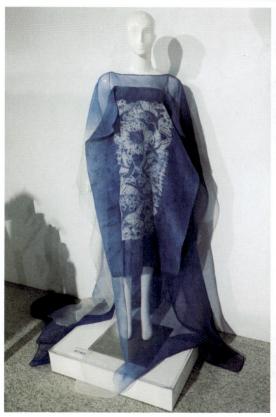

图 5-40　清华大学美术学院李薇教授设计作品《乐山水》系列（作者：李薇、丸山彩、刘甦、段袁等）

图 5-41　江南大学金倩设计作品《墨痕》

图 5-42　江南大学郑奕琳设计作品 *BLUE BURN*

图 5-43　南京艺术学院设计作品《穹境》艺染综合材料（作者：龚建培、王珊珊）

（b）《本源》绘染　　　　　　（c）《水文》

（a）《岸汜》　　　　　　　　（d）《光年之外》

图 5-44　南京艺术学院薛宁设计作品

图 5-45　广州美术学院学生设计作品《墩头染坊》系列（指导老师：田顺）

（a）作品一　　　　　　　　　　　　　　　（b）作品二

（c）作品三　　　　　　　　（d）作品四

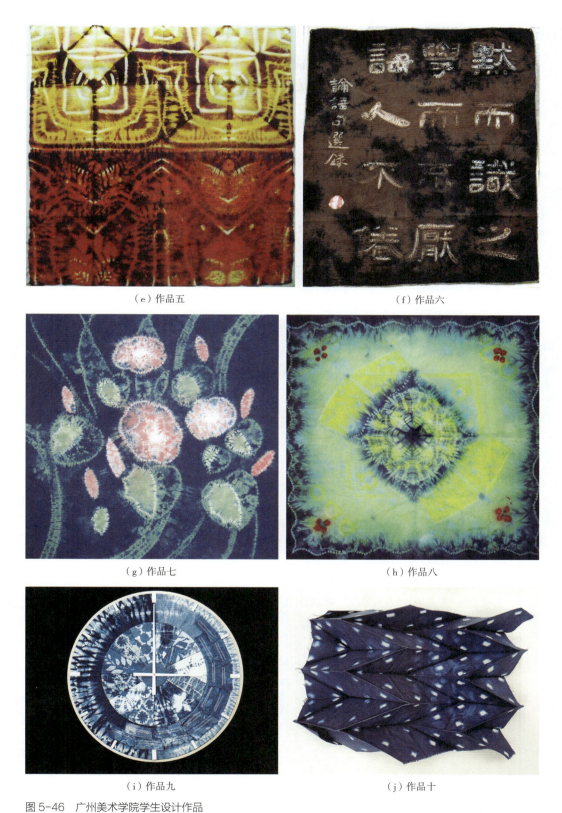

（e）作品五　　　　　　　　　　　　　　　（f）作品六

（g）作品七　　　　　　　　　　　　　　　（h）作品八

（i）作品九　　　　　　　　　　　　　　　（j）作品十

图 5-46　广州美术学院学生设计作品

（二）南通现代扎染工艺设计作品（图5-47～图5-50）

（a）作品一	（b）作品二
（c）作品三	（d）作品四
（e）作品五	（f）作品六

（g）作品七　　　　　　　　　　　（h）作品八

（i）作品九　　　　　　　　　　　（j）作品十

（k）作品十一　　　　　　　　　　（l）作品十二

图5-47　南通现代扎染工艺作品（设计：顾鸣艺术染整工作室）

图 5-48　顾鸣工作室扎染作品《鱼翔浅底》获 2019 "一带一路" 国际防染艺术联展优秀奖

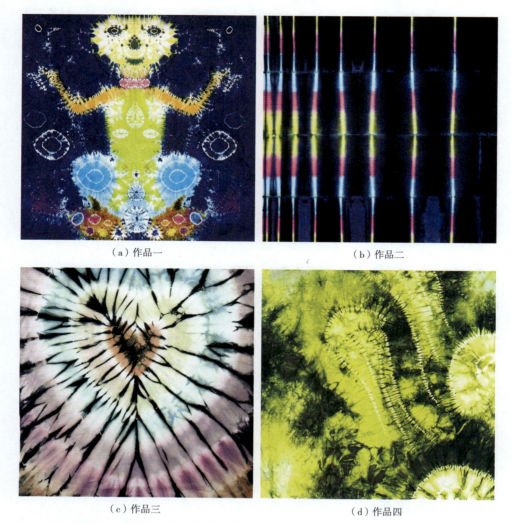

（a）作品一　　　　　　　　　　　　　　　　（b）作品二

（c）作品三　　　　　　　　　　　　　　　　（d）作品四

图 5-49　全国扎染职业技能邀请赛参赛部分作品

（a）作品一　　　　　　　　　　　　　　（b）作品二

（c）作品三　　　　　　　　　　　　　　（d）作品四

（e）作品五　　　　　　　　　　　　　　（f）作品六

图 5-50　全国扎染职业技能邀请赛参赛部分作品

四、艺术染整流行趋势

2022～2024 年秋冬中国艺术染整流行趋势研究报告《愈生态》（图 5-51）。

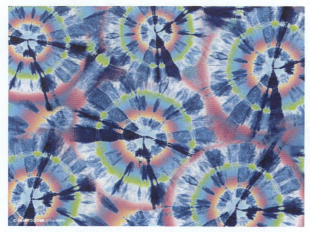

主题要点:NO.1

赛博复古

工 艺 推 荐

01、赛博霓虹-夹板染色+注染
02、废土荒原-水溶收缩+刺绒复合
03、神秘图腾-填充刺绣+涂料染炒色
04、复古回忆-扎段染色+纸膜压褶
05、末代贵族-丝绒衲缝+冷染
06、尘封装饰-流苏绣花+涂料染炒色
07、华丽褪变-绳纹扎染+拔色
08、战甲游侠-靛蓝纱线+洗水做旧
09、未来印迹-肌理提花+羊毛缩绒

以上所有原创工艺样品由江苏华艺集团提供

主题要点:NO.7

迷 幻 炫 彩

工 艺 手 法

迷彩般的混色及万花筒般的强烈视觉成为潮牌经典视觉,高饱和纯色与黑白的发射视觉与工艺的融合。潮牌经典大螺旋扎染为基础发展出万花筒系列及迷彩系列,扎染结合夹板染的二次工艺、混色注染、同时结合胶印及植绒拼缀等工艺形成潮流无界的创新视觉。如:发射渐变的视错感、放大的撞色纹理、仿军装的缤纷迷彩、结合多元工艺的再染等。以图形扎染、注染、泼墨、助剂染、冷染等结合印花、绣花、多次染色为核心手法。

主推工艺:多彩扎染+泼墨注染

主题要点:NO.7

迷 幻 炫 彩

工 艺 推 荐

55、细胞狂欢-染底乱花染
56、厂牌记忆-双纱提花+吊染+转移印色
57、窗外幻境-注染+夹板染
58、涂鸦曼舞-染底拔色+多色注染
59、分形眩晕-螺旋注染
60、怪诞溶解-马海毛染料印花
61、万花透叠-转移印花+压褶
62、炫光漫天-异质浮线提花+多色注染
63、颜料工厂-荧光染料冰染工艺

以上所有原创工艺样品由江苏华艺集团提供

图5-51　2022~2024年秋冬中国艺术染整流行趋势研究报告《愈生态》

2022~2024年春夏中国艺术染整流行趋势研究报告《启悦》（图5-52）。

1、经典传承方向/复古构成

撷陈出新的创新季，首先从经典与复古中汲取元素，本季主打类似AI绘画的架构与抽象的组合，关键词的风格契合而细节充满不确定性与奇幻感带来一种复古未来的重组秩序，通过对称、堆叠、多层次工艺呈现一种抽象的华丽感，同时装饰主义结合做旧工艺成为热点。

01、魅夜印象-生物基染料乱花染
02、时光螺旋-尼龙螺旋注染
03、图腾剥落-生物基染料定位乱花染
04、英叶蝶舞-厚板印花
05、迪考家族-PU激光镭射
06、暗花幽香-定位花型收缩
07、末代贵族-印花面料收缩
08、帷幄微皱-提花面料定位收缩

以上所有原创工艺样品由江苏华艺集团提供

主题要点：NO.2

废 土 迪 考

工 艺 手 法

古典风格中尤其是新古典代表的ART DECO迪考艺术的复兴，直线型装饰与新中式明代风格异曲同工，结合在后疫情时代的废土情结，蒸汽朋克与废土风格会融合各类风格形成具有陈旧颓废气质的时代风貌，在本季优雅华丽回归的情况下，黯淡与华丽融为一体，斑驳而带有时间流逝的装饰感更具有人文气质。

通过对迪考装饰特色的精致面料，或者具有明代汉服造型与废土风格的糅合中，结合大量金线提花的做旧工艺，如：水洗、喷色、冷染、烂花拔色等工艺处理后的华丽装饰；或通过破损、扭曲、收缩实现其外观的做旧废土风格；同时可进行多重工艺叠加再进行不同层次的处理，如刺绣+泼染、烧花+拔色、缩绒+冷染等等等。图案以迪考风格的几何装饰为主，辅以破损与残缺的质感表现。

趋 势 简 介

这是中国首个由中国纺织面料流行趋势研究与发布联盟指导，国家艺术染整与现代扎染流行趋势研究中心、东华·江苏华艺艺术染整科技创新研中心与东华大学创意集成TREND联合制作发布的，专门针对面料及成衣艺术染整工艺的趋势报告。报告在中国纺织面料流行趋势研究与发布联盟每年的面料趋势基础上进行深耕延展，结合中国知名艺术染整企业「江苏华艺集团」现代扎染、艺术褶皱、编织勾棒等强大的产业力量，最终由东华大学《服装流行趋势预测与应用》研发团队「创意集成TREND」协同华艺技术研究中心，并结合东华大学旗下部分数字艺术版权作品打造出的集概念、色系、材质、工艺手法等展现艺术染整产业及消费趋势的发布体系。更多信息可关注「创意集成」及「东华华艺艺术工艺」公众号。

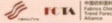 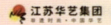 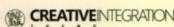

图5-52　2022~2024年春夏中国艺术染整流行趋势研究报告《启悦》

参考文献

[1] 吴淑生，田自秉. 中国染织史[M]. 上海：上海人民出版社，1986.

[2] 廖军. 图案设计[M]. 沈阳：辽宁美术出版社，2007.

[3] 钟建明. 古典影像技法丛书　铁盐、铁银与银盐显影工艺[M]. 北京：中国摄影出版社，2019.

[4] 雷圭元. 工艺美术技法讲话[M]. 南京：正中书局，1936.

[5] 赵翰生. 中国古代纺织与印染[M]. 北京：商务印书馆，1997.

[6] 张道一. 中国印染史略[M]. 南京：江苏美术出版社，1987.

[7] 郑巨欣，朱淳. 染缬艺术[M]. 杭州：中国美术学院出版社，1993.

[8] 于颖. 天然染料及其染色应用[M]. 北京：中国纺织出版社，2020.

[9] 顾鸣. "艺术染整"探议——现代扎染工艺综述[J]. 东华大学学报（社会科学版），2004（1）：41–45.

[10] 顾雯，杨蓉媚. 服装学概论 修订版[M]. 上海：东华大学出版社，2016.

[11] 李卉，梁惠娥，顾鸣. 从现代扎染工艺看服装面料的创新设计[J]. 丝绸，2010（9）：37–41.

[12] 顾鸣，梁惠娥，刘素琼. 我国现代扎染成衣业发展探议[J]. 纺织导报，2010（1）：61–64.

[13] 梁惠娥，李卉，顾鸣，等. 艺术染整造型特色在创意服装设计中的应用[J]. 东华大学学报（社会科学版），2010，10（2）：95–99.

[14] 刘素琼，顾鸣. "现代扎染"渊源探议[J]. 数位时尚（新视觉艺术），2012（2）：84–85.

[15] 季小霞，梁惠娥，顾鸣. 艺术染整工艺在休闲男装中应用的条件和原则[J]. 丝绸，2017，54（2）：37–43.

[16] 王银明，顾鸣，刘素琼. 设计美学视域下的艺术染整"文本创新"[J]. 丝绸，2022，59（9）：97–106.

[17] 卡特. 中国印刷术的发明和它的西传[M]. 吴泽炎，译. 北京：商务印书馆，1957.

[18] 安麻吕. 日本书纪[M]. 东京：文海堂，1870.

[19] Nancy Belfer.Batik And Tie Dye Techniques [M]. New York: Dover Publications inc, 2012.

[20] Meilach D Z. Contemporary Batik And Tie-dye: Methods, Inspiration, Dyes[M]. Sydney: Allen and Unwin,1973.

[21] Gertrude Clayton Lewis.First Lessons In Batik: A Handbook In Batik, Tie-dyeing And All Pattern Dyeing[M]. Munich: Nabu Press, 2011.

[22] Bynum Helen.Dye Plantes Lants And Dyeing[M]. Lundon: A.& C.Black Publications, 2006.

[23] 吉岡幸雄. 日本の藍：ジャパン・ブルー[M]. 京都：紫紅社，2016.

[24] 加賀城健，田中直染料店. める抜く藍染め：袋で染める天然藍と抜染模様づくり[M]. 京都：染織と生活社，2015.

第 2 版后记

本教材已经使用十余年，此次修订在第1版教材基础上做了全面的梳理，坚持"产学研用"一体的初心，多次召开教材编著研讨会，探讨本教材的革新内容。首先，关注到产业化的艺术染整技术，在第三章艺术染整工艺本体中介绍了现代染整设备，并细化了艺术染整工艺手法和设计方法；其次，教材案例中引入利用艺术染整引领"时尚非遗"的中国本土时装品牌，助力于坚定学生文化自信，拓宽艺术视野，培养具有可持续发展眼光和社会责任感的服饰创新型人才。再次，注重教材整体理论知识和现代产业应用技术相结合，对原有章节进行调整，从艺术染整工艺概念到其设计原则，从设计实践工具、方法、技术，再到现代艺术染整产业应用案例分析。此外，行业专家设计作品介入教材案例，更新了案例，补充完善了技艺与方法，增补了产业发展的新设施，尤其是得到许多著名设计师和知名品牌的支持。为艺术染整工艺设计创意提供了丰富的文化资源和"文本创新"空间。

在此，特别感谢江苏华艺集团、顾鸣艺术染整工作室、华艺现代扎染研发中心，感谢清华大学美术学院、东华大学、南京艺术学院、武汉纺织大学、金陵科技学院、广州美术学院、江苏工程职业技术学院、江阴职业技术学院等高校以及为本教材提供诸多实践案例的设计师！感谢江南大学服装系以及无锡工艺职业技术学院对本教材的支持！感谢江南大学"服饰文化与时尚创意研究室"研究生袁悦、李晓雨、林文静、刘佳宁、褚佳玮等同学对本次教材修订所做的校对工作！

我们将不断探索与实践艺术染整和时尚设计的发展之路，发掘和培养创新意识与应用实践能力并重的优秀设计人才！

希望广大服装专业师生、读者在使用教材过程中提出宝贵意见！

编者

2024年6月

第1版后记

在教学过程中，作为教师给学生"授之以渔"比"授之以鱼"更为重要。我们在本书编写的过程中，更多是为了让学生了解艺术染整的基本原理和科学方法，明确艺术染整是纺织服装产品的创新途径之一，从而掌握其发生、发展的过程和规律，理解正确的工艺程序，尤以综合创造、集成创新、跨界设计理念及实操层面来引导、启发和激励学生，树立敢于破立的创新精神。

因此在本书中，我们没有太多结果的阐述，而是要学生思考为什么这么做，这么做的价值在哪里，为了产生这样的价值可以采用哪种方法，你的方法和别人有何不同，最终你的效果与别人有什么不同？旨在构筑一个开放集成的技术创新平台与时尚创意空间。

教材的内容应该是联系学校与企业、课堂与社会的桥梁，这是我们编写的宗旨和努力方向。

最后，感谢顾鸣艺术染整工作室、华艺现代扎染研发中心的热忱帮助！

编者
2009年8月